测绘科技应用丛书

车载移动测量系统检校理论与方法

Calibration Theory and Methods for Vehicle-borne Mobile Surveying System

韩友美　杨伯钢　著

测绘出版社

·北京·

内容简介

本书系统分析了当前车载移动测量系统的结构、原理，探讨了激光扫描仪和数码相机的检校理论和方法，对惯性测量单元 IMU 和系统综合检校理论给出了概述和具体的检校方案。主要内容包括车载三维激光扫描仪的单机检校理论、线阵数码相机的检校理论、惯性测量单元的精度检测、车载移动测量系统的综合检校以及检校后的激光扫描数据与线阵相机数据的融合方法。本书以国产移动测量系统为例，对以上内容做了详细论述，是一部对车载移动测量技术进行检校研究较为完备的理论与方法著作。

本书可供从事测绘、计算机可视化、人工智能、图形图像解译、仪器学等专业的科研、生产、开发人员阅读，也可供大专院校相关专业的高年级本科生、研究生以及教师参考、学习。

图书在版编目(CIP)数据

车载移动测量系统检校理论与方法/韩友美，杨伯钢著. —北京：测绘出版社，2014.6
（测绘科技应用丛书）
ISBN 978-7-5030-3351-3

Ⅰ. ①车… Ⅱ. ①韩… ②杨… Ⅲ. ①汽车—测量系统—系统校验—研究 Ⅳ. ①U463.67

中国版本图书馆 CIP 数据核字(2013)第 318750 号

责任编辑 沈万君　**封面设计** 李　伟　**责任校对** 董玉珍　**责任印制** 喻　迅

出版发行	测绘出版社	**电　　话**	010－83543956（发行部）
地　　址	北京市西城区三里河路 50 号		010－68531609（门市部）
邮政编码	100045		010－68531363（编辑部）
电子信箱	smp@sinomaps.com	**网　　址**	www.chinasmp.com
印　　刷	三河市世纪兴源印刷有限公司	**经　　销**	新华书店
成品规格	169mm×239mm		
印　　张	8	**字　　数**	160 千字
版　　次	2014 年 6 月第 1 版	**印　　次**	2014 年 6 月第 1 次印刷
印　　数	0001－1500	**定　　价**	24.00 元

书　　号 ISBN 978-7-5030-3351-3/P・703
本书如有印装质量问题，请与我社门市部联系调换。

前 言

车载移动测量系统（vehicle-borne mobile surveying system，VMSS）是一种快速移动获取三维信息的系统，该类系统集成有激光扫描仪、线阵（面阵）CCD 相机、全球定位系统（global positioning system，GPS）、惯性测量单元（inertial measurement unit，IMU）、里程计等传感器。自 20 世纪 70 年代起，VMSS 广泛地应用于数字城市、环境监测、城市规划、文物保护、城市三维建模、工程测量等多个领域。

近年来，随着测绘科技的发展，三维信息获取对 VMSS 的精度提出了更高的要求。VMSS 整个系统的精度问题取决于单个传感器的精度和系统的综合检校精度。本书对我国自主研发的车载移动测量系统 SSW 集成标定之前的核心传感器激光扫描仪、线阵 CCD 相机、IMU 的单机检校和系统综合检校进行了系统的研究，研究内容主要包括以下几点。

(1)激光扫描仪检校。分析和比较 VMSS 采用的激光扫描仪特性，剖析影响其测量精度的关键因素，设计并制作检校标靶用于检校；从影响激光扫描仪三维坐标精度的角度出发，以国产 RA-360 系列激光扫描仪为例，验证了该类仪器锥扫角的存在，并设计相应的动态和静态方案对其进行测量，从而能够消除锥扫角对激光扫描仪距离和角度测量的影响；对 RA-360 系列激光扫描仪的测角精度进行深入的研究，建立了一套激光扫描仪角度检校模型，并根据现有条件提出两种测角误差检校方法，通过实验验证这两种方法的检校精度；对脉冲式激光扫描仪的测距原理进行剖析，建立 RA-360 系列激光扫描仪的测距误差检校模型，首次将反射强度纳入测距检校模型中，设计相应的实验，解求出相关参数，并验证其精度。

(2)线阵相机检校。设计并实现车载移动测量系统的平行性绑定结构，推导其在垂直工位和倾斜工位下的实现公式；基于平行性绑定结构，提出一种新的线阵相机标定思想，建立线阵相机标定模型，设计实验，求出标定模型参数，并对结果进行精度评定。

(3)惯性测量单元 IMU 的检测。从 IMU 的测量原理出发，给出 IMU 的检测内容，针对每一项检测内容给出检测方法。

(4)系统综合检校。阐述综合检校的原理，设计综合检校作业流程，通过实验数据展示综合检校前后点云精度的变化。

(5)激光扫描数据与线阵相机影像数据的融合。在车载移动测量系统数据融合研究方面，基于设计的平行性绑定结构，提出利用激光扫描仪数据与线阵相机影像数据相融合的方法，得到彩色激光点云数据，为后期点云数据处理、分类、建模和测图奠定基础；将车载移动测量系统应用于实际生产，得到相关的实验精度数据和经验，通过实例验证了系统的精度。

本书细致地剖析了影响车载激光扫描仪精度的因素，据此建立起激光扫描仪角度测量误差和距离测量误差的检校模型，设计相应的方案解求出模型参数，对检校结果进行精度评定。设计了激光扫描仪和线阵相机的平行性绑定结构，并在此基础上提出了一种新的线阵相机检校的方法，建立起相应的线阵相机检校模型，设计出相关实验方案求解模型参数并进行精度评定。概要叙述了 IMU 检测的内容和方法，研究了综合检校的原理和方法，给出了车载移动测量系统综合检校的流程，最后通过平行性绑定结构实现了激光扫描仪和线阵相机影像的物理方法融合。

本书是在韩友美博士论文研究的基础上进行深化研究取得的成果，是韩友美在博士后期间与导师杨伯钢教授在车载移动测量系统检校技术方面研究的部分成果。本书的完成离不开中国工程院院士刘先林研究员和山东科技大学卢秀山教授的指导和帮助，在此表示衷心的感谢！另外还要感谢中国测绘科学研究院王留召老师、首都师范大学钟若飞老师对本书实验数据的指导，感谢北京市测绘设计研究院领导和同事对本书写作的大力支持。

本书的出版得到了北京市科学技术协会青年科技人才基金、城市空间信息工程北京市重点实验室基金以及北京市博士后工作经费的资助，在此感谢北京市科学技术协会、北京测绘学会、北京市人力资源和社会保障局的支持和帮助。

由于作者水平有限，书中难免有不当之处或错误，恳请广大读者批评指正。

作者

2013 年 10 月

目　录

Contents

第1章　绪　论

§1.1　车载移动测量系统检校技术

随着信息技术研究的深入及数字地球、数字城市、虚拟现实等技术的进一步发展，尤其是当今以计算机技术为依托的信息时代脚步的加快，人们对空间三维信息的需求更加迫切[1]。与此同时，三维信息获取手段也得到了一定程度的发展。目前，城市空间三维信息获取技术中最为引人注目的一项技术便是车载移动测量技术（vehicle-borne mobile surveying technology，VMST）。

车载移动测量的核心技术之一是三维激光扫描技术，也称为激光雷达技术（light detection and ranging，LiDAR），是从 20 世纪中后期逐步发展起来的一种主动式光电探测技术[2,3]。车载移动测量系统具有高精度、高分辨率、操作方便、实时、可在夜间测量、作业效率高、成图周期短、能进行连续和动态测量等一系列优点，它的出现和发展为空间三维信息的获取提供了全新的技术手段，为信息数字化快速发展提供了必要的条件。它使三维数据从人工单点数据获取向着连续获取的方向迈进，不仅提高了观测精度和速度，而且使数据获取更加智能化和自动化，被称为测绘技术的一场革命[4]。车载移动测量系统之所以能够生产具有真彩色纹理信息的三维模型，与数码相机技术的发展息息相关。数码相机有线阵和面阵之分，其中线阵相机具有采集频率高、视角宽的优点，克服了面阵数码相机不能及时存储影像以及存在影像漏洞的缺点，在快速三维信息数据获取中逐步得到了应用[5]。随着全球定位系统（GPS）和惯性测量单元（IMU）高精度姿态确定等定位定姿技术的发展，人们得以将激光雷达、数码相机等高精度定位定姿传感器安置在地面移动载体上，从而组成了较为完备的车载移动测量系统[6]，造就了一种新型三维信息获取集成型技术系统，并在国际测量界引起广泛的关注。对于城市及特定区域的三维建模而言，车载移动测量系统比传统的机载三维信息获取系统更适合城市立面几何信息和纹理信息的采集，而且前者精度较高。即使如此，与日益增长的高精度三维信息需求相比，车载移动测量系统的精度和稳定性仍有待于进一步的改进。

20 世纪 90 年代以来，在世界范围内涌现出众多车载移动测量系统。国外有很多国家开展了车载移动测量系统及其相关技术的研究，也有一些阶段性成果推出，典型的代表有：日本东京大学的 VLMS（vehicle-borne laser mapping system）系统[7,8]，主要采用激光扫描仪和面阵彩色 CCD 相机、线阵相机等设备，采用的

Sick 激光扫描仪最远测距 80 m；加拿大的车载三维激光测量系统 LYNX（山猫）[9]，该系统集成了两台激光扫描仪和两台面阵相机，激光扫描仪最远测距 100 m 或 200 m，目前该设备主要用于城市三维建模和高速路改扩建测绘；加拿大卡尔加里大学和 GEOFIT 公司研制的 VISAT（video inertial and satellite GPS）[10,11]，该系统集成了视频相机和定位定姿传感器，采用的是摄影测量原理，没有采用激光扫描仪设备；英国 3DLM 公司和德国 IGI 公司联合推出的商业化移动测图系统 Street Mapper[12]，集成了 2～3 台瑞格（Riegl）LMS 激光扫描仪，每台扫描仪视角为 80°，最远测距为 150 m，同时还配有两台视频相机以及 GPS、IMU 定位定姿设备，综合测点精度达到厘米级，测程可达 300 m，扫描频率高达 200 kHz，目前已有将其用于建立三维隧道模型的案例[13]；日本拓普康（Topcon）公司推出了 IP-S2 移动测量系统，该系统集成了两台激光扫描仪，一台全景相机和相应的定位定姿传感器[14,15]，目前该设备用于街景三维数据采集。

国内很多高校、研究所及公司也在车载移动测量系统研发方面做了大量的相关研究，产品主要有武汉大学研发的 WUMMS（Wuhan University mobile mapping system）[16]，武汉立得空间信息技术发展有限公司的 LD-2000™[17,18]，山东科技大学、武汉大学、中国测绘科学研究院和同济大学共同研发的 3Dsurs（3D surveying system）[19,20]，首都师范大学和中国测绘科学研究院联合研发的 MSMP（SSW 的雏形）[21-23]，南京师范大学和武汉大学合作研发的 3DRMS（3D road mapping system）[24]。各类车载移动测量系统的外观如图 1-1 所示。尽管这些国内系统最初研发的方向及定位不一，但有一个共性，即大多车载移动测量系统主要集成激光扫描仪和数码相机作为三维数据获取传感器，且这两种传感器目前主要依赖进口，其中的关键技术，特别是与精度息息相关的检校技术还未公开。

综上所述，车载移动测量系统在国内已经成为三维信息获取的主流设备，国内相关研究机构也积累了一定的研究经验和成果，但是系统的精度问题仍然是制约推广和应用的瓶颈，因此对车载移动测量系统的需求很大一部分还依赖于进口。对于引进的车载移动测量系统的研究主要集中在数据后处理部分，且对这类系统的精度问题较多关注的是集成后的精度。由于进口仪器技术的保密限制，国内对单个传感器的检校以及系统的综合检校尚缺乏足够的认识和实践。

比较国内外车载移动测量系统的研究现状，可以看出，国内虽然也有车载三维信息采集系统这方面的研究，但相关技术还处在探索阶段，相对比较薄弱。国外技术相对比较先进，很多产品已经成熟，可投入生产，但是价格昂贵，高精度的产品也不供出口。要缓解我国城市三维建模及相关领域的应用需求，我国必须致力于进一步研发具有自主知识产权的三维移动测量系统，同时要特别注重提高国产化系统的精度。综合分析目前国外车载测量系统的发展情况[25-28]发现，国外有些产品的成果和研究经验对于我国开发具有自主知识产权的车载移动测量系统具有借鉴意义，但有些技术对我国还不够透明，其中就包括激光扫描仪的检校技术。因此，我们需要打破国际技术垄断与封锁，继续不断地探索和创新，特别是随着精细测量的推进，人们对测量精度的要求越来越高，除了要对高精度定位定姿传感器进行应用研究，对车载移动测量系统的主要传感器——激光扫描仪检校技术的研究也应值得关注。在我国，激光扫描仪的生产商往往不太了解测量工作者的需求，因而对该类仪器设备的检校技术缺乏认知，这就需要我们自主地对激光扫描仪的检校技术进行研究。

图 1-1　国内外较为流行的车载移动测量系统

随着三维可视化浪潮的推进，原来的黑白激光三维点云已不能满足视觉的需求，迫切需要得到更加丰富的点云信息。车载移动测量系统 SSW 在国内首次采用先进的线阵数码相机作为纹理采集传感器，在使用之前对线阵相机进行高精度检校，然后将点云信息与影像信息相融合，即可得到信息更加丰富的彩色点云。另外，线阵相机的检校技术较面阵相机复杂得多，也需要进行相关检校的深入研究。

为了使国产化的车载移动测量系统能满足较高的精度需求，本书开展了车载移动测量系统核心传感器——国产激光扫描仪 RA-360 的检校技术研究以及线阵相机检校研究，同时对国产 IMU 和系统的综合检校技术进行了探索，在此基础上设计了车载移动测量系统激光扫描仪与线阵相机的平行性绑定结构，利用这种特殊的结构，通过数据处理，初步实现了将数码相机的图像信息与激光三维信息的融合，得到了较高精度的彩色三维点云，成果达到国际水平。

1.1.1 车载激光扫描仪检校技术研究

激光扫描仪用于测量最初仅仅搭载在卫星和飞机上，原因在于这种仪器要么在近距离内没有数据返回，要么对人眼有伤害[29,30]，且视角比较窄(约 60°～80°)。另外以激光扫描仪为核心传感器的测量系统在地面作业时会受到树木和建筑物等障碍物的遮挡，导致定位传感器的信号失锁，从而严重影响系统精度。近年来，随着激光技术的进步，激光对人眼的伤害风险大大降低，仪器的视角也有了很大的改进，360°视角的激光扫描仪在世界范围内陆续问世，GPS、INS 以及里程计组合导航技术也有了很大的突破，激光扫描仪系统在地面的应用终于成为可能。

激光扫描仪根据搭载平台的不同，大致可分为航空激光扫描仪(air-borne laser scanner，ALS)和地面激光扫描仪(terrestrial laser scanner，TLS)两种。其中地面激光扫描仪根据搭载平台的不同状态，细分为固定式和移动式两种[31]。固定式激光扫描仪类似于全站仪，扫描过程中，仪器必须固定在某一基站上[32,33]；移动式激光扫描仪可以搭载在移动平台上，借助 GPS 和 IMU 进行定位，在移动过程中获取三维数据，车载平台就是其中最为盛行的一种[34,35]。

高精度激光扫描仪的生产在国内尚不多见，这方面的需求主要依赖于进口，这是阻碍我国对激光扫描仪性能进行进一步研究的一个重要因素。激光扫描仪作为地面移动测量系统的核心设备之一，在测量原理、仪器结构等方面较经纬仪和全站仪更为复杂，精度测试工作国内无全面的先例可循，某种程度上制约了它在测量方面的广泛应用。激光扫描仪的检校问题也是影响整个车载移动测量系统精度提高的一个因素。众所周知，国外进口激光扫描仪设备的重要信息往往是个黑匣子，测量工作者只能借助国外提供的几个简单方法对进口设备进行检校，更没有明确的激光扫描技术指标作参考。因此，国内测量工作者需要自主开展激光扫描仪检校技术的全面研究。

目前，我国引进的固定式三维激光扫描仪设备主要有徕卡的 HDS3000[36,37]、天宝的 GS200[38]等。移动式激光扫描仪有 LYNX 附带的 360°视角激光扫描仪，Street Mapper 360 附带的瑞格(Riegl) VQ-250 的 360°视角激光扫描仪，拓普康 IP-S2 使用的 Sick LMS 291-S05 和 LMS 291-S14。这些设备在引进之前就被商家检校过，因此国内工作者没有机会参与该类激光扫描仪的检校工作，只能参与系统综合精度的验证研究。对引进的固定式激光扫描仪检校所做的相关研究的学者主要有同济大学的刘春博士[39]、郑德华博士[40,41]、谢瑞博士，他们探讨了徕卡公司的静态激光扫描仪 HDS3000 的检校问题，利用徕卡自带的检校标靶对 HDS3000 的角度和距离进行了检校，设计相关实验验证了该设备的技术指标；北京建筑工程学院的罗德安博士对地面激光扫描仪的精度影响因素进行了定性分析[42,43]，给出了单点位测量数据的精度估算模型。国内研发的车载移动测量系统单独引进的激光扫描仪主要是施克(Sick)和瑞格的产品，设备的检校工作一般由厂商完成，具体的检校技术对我国测量工作者保密。

综合而言，国内关于激光扫描仪的检校研究停留在国外提供的几个简单方法上，显然不够深入和全面。

国外关于三维激光扫描仪的检校研究较早的学者是德国人 W. Boehler[44]，他在 2003 年从工程应用的角度探讨了选择地面激光扫描仪(TLS)时各项参数的意义，也对多种国外较为常见的 TLS 做了相关实验，并给出了定性的分析。2004 年德国学者 A. Rietdorf 利用平面标靶(见图 1-2)对自己设计的低精度 TLS 进行了检校，给出了 TLS 常见的误差概念[45]。对激光扫描仪进行检校和定量分析工作做得比较多的人是加拿大卡尔加里大学的 D. D. Lichti，不过他对相位式地面三维激光扫描仪 faro 所做的实验结果表明，其所建立的检校模型的参数解尚不够稳定，仍需要不断地加以实验和改进[46-54]。

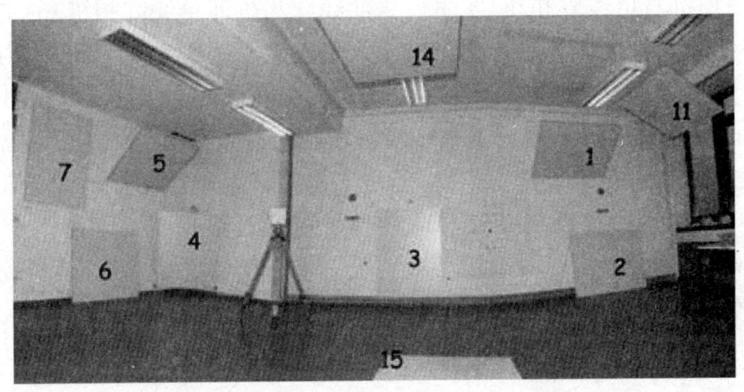

图 1-2　A. Rietdorf 制作的平面标靶

本书在前人对激光扫描仪设备进行检校研究的基础上，对我国自主研发的车载式 RA-360 系列激光扫描仪的检校进行了深入研究，系统地提出了该类型设备需要检校的内容。另外，由于激光的不可见性给检校工作带来了困扰，本书为此设计了检校需要的几种特制标靶。在详细分析激光扫描仪原理的基础上建立了检校模型，设计并实现了检校方案，解算出了相关的模型参数，实现了对 RA-360 系列 360°激光扫描仪的检校，使其在测量方面更能发挥优势。本书建立的模型以及相应的实验方案可为同类仪器的检校工作提供参考。

1.1.2　线阵相机检校技术研究现状

数字摄影测量时代首要的数据采集传感器就是 CCD 相机，CCD 相机有面阵和线阵之分。面阵 CCD 的优点是可以获取二维图像信息，测量图像直观；缺点是像元总数多，而每行的像元数一般较线阵少，帧幅率受到限制。线阵 CCD 的优点是一维像元数可以做成很多，而总像元数较面阵 CCD 相机少，而且像元尺寸比较灵活，帧幅数高，特别适用于一维动态目标的测量。由于线阵相机具有采集频率高、视角宽等优点，故能及时存储影像且无影像漏洞，因此在快速三维信息数据获取方面开始得到应用。

无论是线阵还是面阵 CCD 相机，都是非量测性相机，如用于测量，就必须对其进行检校，得到镜头的精确主点位置和畸变参数。常见的传统面阵 CCD 相机的检校方法包括：空间后方交会法[55]、直接线性变换法[56]、基于多像灭点法[57]、解析铅垂线以及自检校法[58]等，这些方法依赖于不同位置获取的相同目标的影像，借助共线方程计算相机的内外方位元素及畸变参数。线阵相机的线阵特性需要为其探索新的检校方式，目前对线阵相机的检校方法大多是将线阵相机固定位置不动，通过调整特制标靶的位置进行检校，目标离相机的距离比较近，因此测得的精度较低。

三线阵相机与单线阵相机（本书所指的线阵相机即单线阵相机）的工作原理类似，关于三线阵相机的内方位标定已有专家对其展开了研究，主要有国内的刘金国研究员[59]、吴国栋研究员[60]等，国外学者 T. Chen（陈天恩）等人也给出了类似的思想[61]。他们的共同点是提出了基于精密转台的测量方法，该方法每隔一个角度采集一次数据，得到的结果精度较高，但是工作量大。另外还有一种全景线阵相机（见图 1-3），只在国外有较多专家对此种相机展开过检校研究[62-67]。由于全景线阵相机的模型非常复杂，一般采用区域网统一平差获取模型参数，其检校思想难以用于单线阵相机的检校。

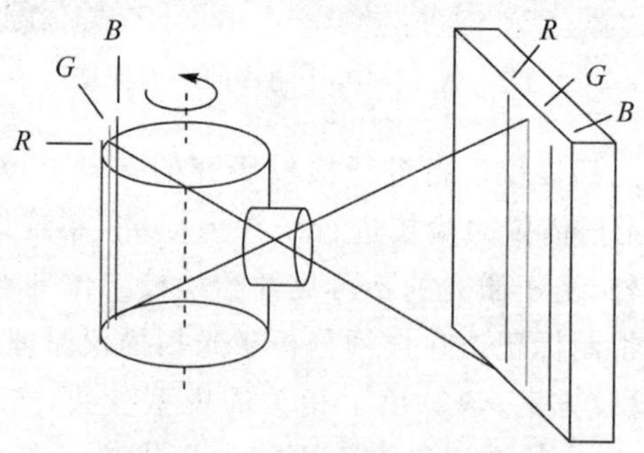

图 1-3　全景线阵相机的采集原理

关于线阵相机的检校，国外典型的代表是 1993 年 R. Horaud 等人[68]设计的一组直线组成的图形标靶，可用于检校线阵 CCD 相机的外方位元素（见图 1-4）。

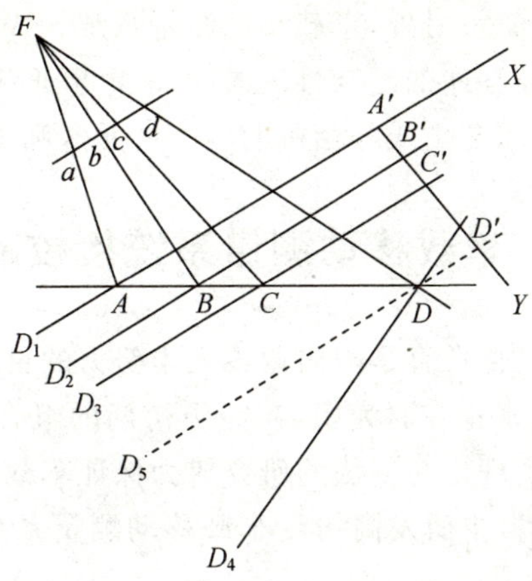

图 1-4 由 R. Horaud 设计的标靶线

国内首都师范大学的学者也做了类似的实验[69,70]（见图 1-5）。2008 年，北京信息科技大学的学者还发明了由多条等间距竖线和两条平行横线组成的线阵 CCD 标定标靶[71]。天津大学的学者提出的两步法线阵标定技术[72]也基于类似原理。这些做法的共同特点是通过制作特殊线标靶，分析标靶上的特征线在线阵影像中的分布，确定标靶与相机的相对位置关系，进而标定相机方位元素。如果将标靶放在较远位置（相机成像的无穷远）进行测试，则标靶只能在 CCD 上很小的范围内成像，要在 CCD 边缘得到标靶影像则需要将标靶设计得很大，这是非常困难和不现实的。因此这几种方案标定相机的精度难以保证。

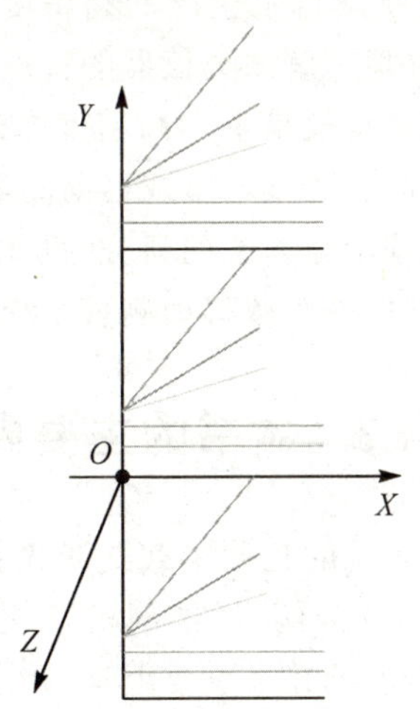

图 1-5 由首都师范大学设计的标靶线

单线阵相机由于其影像宽度只有一个像元，不便于在影像上找到地物点，所以它的检校是一个复杂的问题；另外，车载移动测量系统 SSW 中线阵 CCD 相机应用的短焦镜头也增加了检校程序的复杂性。本书将重点研究线阵相机的检校问题，并建立相应的检校模型，求解出线阵相机的内方位元素和镜头畸变。

§1.2 车载移动测量系统检校的意义

现代测量仪器的国产化一直是国内业界人士努力的目标。国产车载移动测量系统 SSW 的硬件集成技术正在研究中，在经历初期的组合导航研究之后[73-76]，整个系统内部传感器的检校理论与方法的研究成为保证车载移动测量系统高精度和高稳定性的关键，对我国自主研发高精度车载移动测量系统具有重要的理论意义和实际应用价值。

激光扫描仪的制造者通常对测绘仪器应用方面的要求知之甚少，为了进一步发掘这一新技术在测绘领域的应用潜力，需要投入人力物力去评价这类仪器的特性和数据获取质量，特别是对这类仪器的误差来源进行研究，并采取有效措施进行检校，形成成熟的三维激光扫描仪检校理论体系，对今后我国生产测绘行业可直接应用的高精度激光扫描仪具有重要的意义。

车载移动测量系统 SSW 采用线阵相机作为纹理信息传感器，在我国尚为鲜见；国内对线阵数码相机的检校理论体系还不完善，检校方法也不成熟。本书对这方面的研究将有利于该类传感器在测绘领域中的应用，也有利于国产车载移动测量系统激光点云数据与数码相机影像数据融合方法的进步。

惯性测量单元(IMU)是我国自主生产的高精度导航设备，对 IMU 的检校进行研究，能让测绘工作者更好地了解该类仪器的特点，有助于车载移动测量系统多传感器的集成化。系统的综合检校是生产高精度车载移动测量系统的重中之重，综合检校与单机检校理论共同构成整个车载移动测量系统的检校技术理论体系。

车载移动测量系统检校理论与方法的研究，助力于我国自主知识产权车载移动测量系统的研究，也可为国内外车载移动测量系统的系统检校研究作参照。

§1.3 本书的主要内容

本书在系统总结和阐述常见的几种车载式激光扫描仪特性的基础上，以国产 RA-360 的 360°视角激光扫描仪为例，详细剖析了该类激光扫描仪的测量原理和重要组成结构，找到影响其精度的几个重要因素，并由此建立了激光扫描仪的检校模型，首次将反射强度对距离的影响纳入检校模型中，设计了切实可行的标定方案，解算出模型参数，对这些影响因素进行消除以达到标定的目的；设计并实现了一种高效合理的车载多传感器集成方式——平行性绑定结构；建立了线阵相机标定检校模型,并在平行性绑定的基础上提出了借助激光扫描仪对线阵 CCD 检校的新方法,通过实验验证了该检校方法的可行性和实用性;对惯性测量单元(IMU)及其系统的综合检校进行了初步研究,形成了一套完整的车载移动测量系统检校理论和方法;实现了两种检校后数据的融合处理,一方面验证了标定数据的精度,另一方面生成了彩色点云,为本车载移动测量系统的数据后处理及应用奠定了良好的基础。

本书的研究思路如图 1-6 所示,各章的主要内容如下。

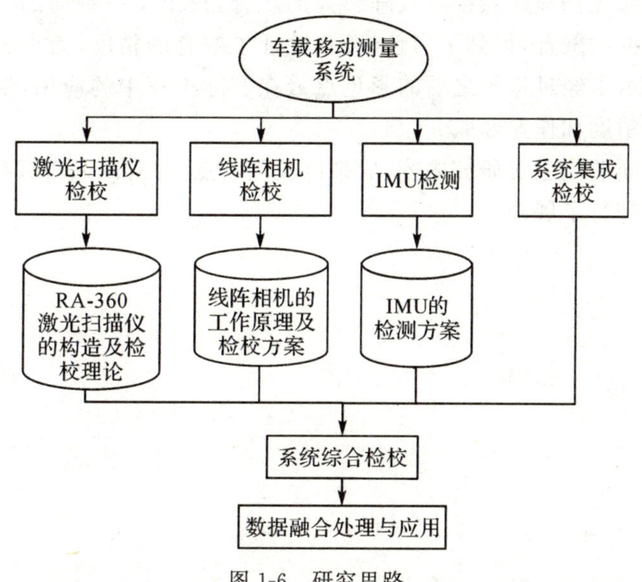

图 1-6 研究思路

第 1 章阐述车载移动测量系统及其核心传感器——激光扫描仪和线阵相机技术发展的现状以及研究进展。总结了激光扫描仪检校技术和线阵相机检校技术的发展现状。

第 2 章详细给出了车载移动测量系统 SSW 的基本构架、工作原理、重要传感器的结构、相应坐标系的建立,为后期的检校理论研究奠定基础。

第 3 章主要讲激光扫描仪检校模型的建立及检校方法的实现。重点分析激光扫描仪的误差来源,以及各误差对三维信息数据获取精度的影响。对激光扫描仪的测角和测距检校进行了研究:测角检校方面,在剖析激光扫描仪测角原理的基础上,建立了激光扫描仪测角误差检校模型,提出了两种解算模型参数的实验方法;测距检校方面,建立了一种新的激光扫描仪测距误差检校模型,设计了相关的检校方法,并进行实验,对实验结果加以分析,进而对检校模型和方法作出评价。

第 4 章主要讲线阵相机的检校原理和技术。提出了平行性绑定结构的实现原理。指出线阵相机用于测量的检校内容,建立了线阵相机的检校模型;提出用激光扫描仪对线阵相机进行检校的新方法,设计出相应的检校方案,实现对线阵相机的高精度检校。

第 5 章从惯性测量单元的测量原理出发，指出 IMU 的检校内容，并设计相关实验对 IMU 进行了检测。

第 6 章对车载移动测量系统的综合检校进行了概述，设计了综合检校的技术流程，形成了车载移动测量系统综合检校的理论，通过实验完成了车载移动测量系统 SSW 的检校。

第 7 章对激光扫描仪数据与线阵影像的融合，提出了一种简约、高效的思想，实现了两种数据的融合，得到了彩色云图，验证了融合的精度，为点云后续处理奠定了基础。展示了经过检校之后的彩色点云在实际工程中的应用，给出了部分实际作业的系统精度和作业经验。

第 8 章全面总结主要研究内容、成果以及创新点，并对未来车载移动测量系统的研究与应用进行了展望。

第 2 章　车载移动测量系统 SSW

由中国测绘科学研究院和首都师范大学联合研发的具有我国自主知识产权的车载移动测量系统 SSW(shoushi siwei)，从 2004 年至今，经历了前期的结构改组、中期的仪器设备更新换代，目前，其集成技术和后处理技术日趋成熟，正逐步应用于生产实践。

该系统采用先进的激光扫描仪以及高速线阵相机为主要的数据采集设备，以高精度 GPS、IMU 以及里程计作为定位定姿传感器，将所有传感器集成到城市交通工具上，摒弃操作笨重工控机控制的传统方式，采用现代化的便携式笔记本计算机分别对激光扫描仪和线阵相机进行控制，数据传输则采用简单、易行、可靠的千兆网线。整个系统对各个设备也进行了集成和整合，向着简约、高效的目标不断地改善，目前设备的构架已趋于成熟。以激光扫描仪发射脉冲，同步控制两台线阵相机完成目标地物的纹理信息采集，实现了数据的实时动态采集，缩短了采集周期。采用高精度 GPS、IMU 和里程计设备，使采集的数据直接转换到大地坐标系下，可大大缩短数据后处理的工作周期。SSW 等类似系统的发展必将提升城市及特定区域内三维信息采集的速度，使系统的精度更上一个新台阶，同时也会大大减少人力物力的投入。鉴于这些优势，对该类系统的进一步研发，近年来备受测绘界专家和学者的重视，同时也得到了国家测绘地理信息部门以及相关研究机构的关注和支持。

§2.1　SSW 的构架设计

2.1.1　系统构架介绍

SSW 集成了一台天宝 GPS、一台国产 IMU、一个里程计、一台 360°激光扫描仪、两台线阵 CCD 相机，如图 2-1 所示。将这些传感器按照设计好的刚体结构固定在车上，即可随着车体前进同步采集所到空间的三维几何信息和纹理信息。GPS、IMU 和里程计一起构成了该系统的定位定姿系统，采用 Inertial Explorer 后处理软件，将三种导航数据进行联合解算，得到相应的姿态和位置数据。激光扫描仪在这三种定位定姿传感器的协助下，使系统获取绝对三维几何信息，而线阵相机则可采集纹理信息。将获取的激光扫描仪数据和线阵影像进行数据融合，可以得到带有彩色信息的三维点云数据。通过电子转台(见图 2-2)，系统可同时具备推扫和转扫的功能。可以根据不同的用途定制不同的安装工位，目前常用的安装工位有三种：竖直工位、水平工位和倾斜工位。竖直工位和水平工位如图 2-3 所示。SSW 的主要传感器标称技术指标见表 2-1[77,78]。

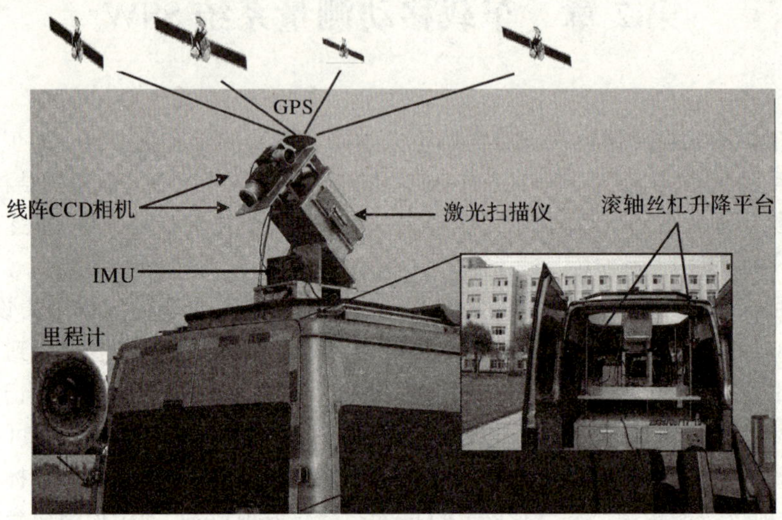

图 2-1 SSW 的构架(倾斜工位)

图 2-2 电子转台

(a) 竖直工位

(b) 水平工位

图 2-3 SSW 的安装工位

表 2-1 主要传感器标称技术指标

<table>
<tr><th>传感器</th><th>型号</th><th>主要标称技术指标</th></tr>
<tr><td rowspan="2">激光扫描仪</td><td>RA-360 Ⅰ</td><td>距离分辨率:5 mm
测距范围:3～300 m
测距精度:2 cm(100 m 处)
激光发散角:0.3 mrad(0.017°)
测角精度:0.1 mrad(0.005 7°)
观测角范围:0°～360°
最高采集频率:100 kHz</td></tr>
<tr><td>RA-360 Ⅱ</td><td>距离分辨率:5 mm
测距范围:3～200 m
测距精度:2 cm(100 m 处)
测角精度:0.1 mrad(0.005 7°)
激光发散角:0.3 mrad(0.017°)
观测角范围:0°～360°
最高采集频率:200 kHz</td></tr>
<tr><td rowspan="2">线阵 CCD 相机</td><td>TVI XIIMUS 4096CT</td><td>像元大小:10 μm×10 μm
像素分辨率:1×4 096
最高线扫描频率:9.5 kHz
位深:12 bit
焦距:24 mm</td></tr>
<tr><td>JAI CV-L107CL</td><td>像元大小:14 μm×14 μm
像素分辨率:1×2 048
最高线扫描频率:19 kHz
位深:8 bit
焦距:14 mm</td></tr>
<tr><td>IMU</td><td>POS90</td><td>航向精度:0.05(°)/h
横滚精度:0.03(°)/h
俯仰精度:0.03(°)/h
采集频率:200 Hz</td></tr>
<tr><td>GPS</td><td>Trimble 5700</td><td>采集频率:20 Hz
后处理差分定位精度:5 mm+$1\times10^{-6}D$
时间精度:20 ns</td></tr>
</table>

在辅助硬件设备方面,SSW 本着方便、快捷、高效的原则配备,去掉了传统车载移动测图系统采用的公共台式计算机,取而代之的是便携式笔记本计算机,激光扫描仪和 IMU 可以共用一台计算机,两台线阵相机在保证高速传输的状态下各自采用一台计算机。便携式笔记本计算机的优势是不仅可以用来控制传感器和存储数据,还可以在采集结束后方便地拿到室内进行数据处理。

另外,系统底部采用了电子转台,可以在水平面内任意旋转。因此可以根据实际作业需要,方便地调整采集角度。

2.1.2 车载移动测量系统数据采集及预处理

多传感器集成技术能充分利用各个传感器的优势,因而逐步发展起来,其关键点在于各种传感器的衔接。SSW 充分借助 GPS 数据的时间信息,将激光信号、IMU 信号、里程计信号以及相机曝光信号统一到 GPS 时间系下,实现了时间的统一。通过激光发出同步脉冲来控制线阵相机曝光。

系统集成的多种传感器各自有自备的控制软件。数据采集控制方面,激光扫描仪采用的是 RA-360 配套的软件(RA-Control),IMU 采用的也是配套软件(PosUport),线阵相机通过相机控制软件(Xiiconf)和 Pleora 相机采集盒控制软件(Coyote)来实现数据采集。数据处理软件方面,激光扫描仪有自己配套的预处理软件(RA-LDPP),GPS 和 IMU 也各自有相应的预处理软件。GPS 和 IMU 的原始数据处理完成之后,再联合里程计数据,利用 Inertial Explorer 8.10 软件进行组合解算,即可得到高精度的组合导航数据。线阵相机采集到的原始数据经过编程,转换成可以直接使用的 BMP 和 TIF 图像,然后根据需要,对处理后的数据作进一步处理,最后生成可以直接使用的数据(如三维彩色点云)。

车载移动测图系统的传感器协调工作流程如图 2-4 所示。

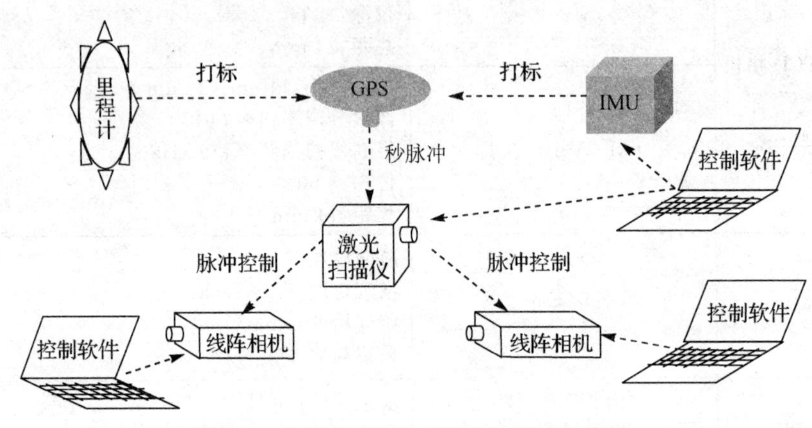

图 2-4 车载移动测量系统的协调工作流程

§2.2 车载激光扫描仪原理

2.2.1 常见激光扫描仪的工作原理

车载移动测量系统最为核心的传感器之一便是激光扫描仪,它是一种典型的地面激光扫描仪。

激光扫描仪的距离测量方法大致有三种[79,80]：脉冲法、相位法和三角测量法。基于脉冲法的工程用大型激光扫描仪约占市场份额的 90%左右；基于相位法的激光扫描仪约占 9%；三角测量法激光扫描仪运用场合有极大的不同，一般应用于小型场景的工程作业，与其他两种类型的激光扫描仪搭配，才能用于大型工程。车载移动测量系统采用的激光扫描仪通常为工程上常用的基于脉冲法测距的激光扫描仪[81-83]。

1. 脉冲法测距

由于激光的发散角小，激光脉冲持续时间极短，瞬时功率极大（可达兆瓦以上），因此光束可以达到极远的地方。脉冲法激光扫描仪的作业效率高，但受到激光脉冲宽度和计数器时间分辨率的限制，测距结果的绝对精度往往不高，一般为 1～3 m。激光脉冲测距（time of flight，TOF）多数情况下不使用合作目标，而利用被测目标物对脉冲激光的漫反射，以此获得反射信号来测距[84]，如图 2-5 所示。

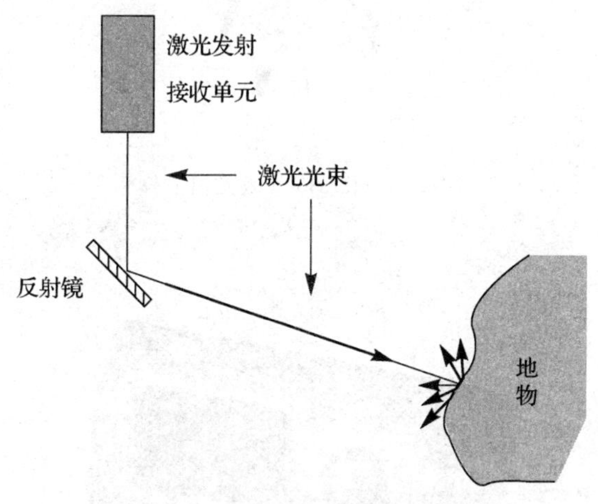

图 2-5　脉冲法激光测距

测距原理是利用发射和接收激光脉冲信号的时间差来实现对被测目标的距离测量，测距公式为

$$D=\frac{1}{2}ct \tag{2-1}$$

式中，D 是测量距离，c 是光速，t 是脉冲信号往返的时间差。

从式(2-1)可以看出，只要测量出激光脉冲发射和接收信号之间的时间差，就可以求出被测目标的距离。脉冲法激光扫描仪一般采用红宝石、YAG（钇铝石榴石）等固体激光器[85]，典型的仪器设备有：徕卡公司 HDS（high definition surveying）系列的 HDS2500 和 HDS3000（见图 2-6），奥地利瑞格（Riegl）公司的 LMS-Q120（见图 2-7）以及加拿大 Optech 公司的系列激光器。国内同济大学和北京建筑大学都引进了 HDS3000，该产品是典型的固定式激光扫描仪，可以水平旋转 360°,竖直方向覆盖 270°的范围。

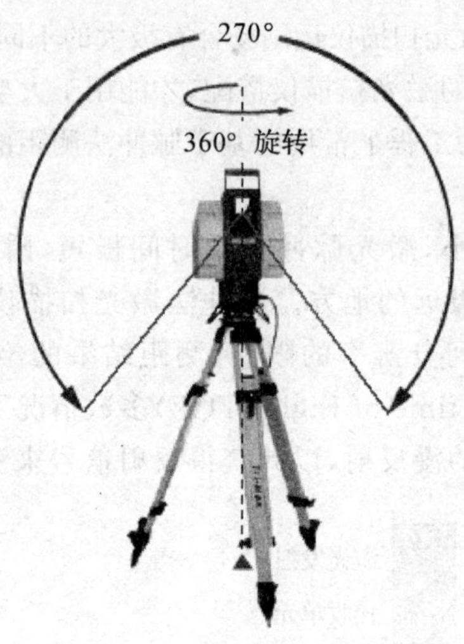

图 2-6 HDS3000 激光扫描仪

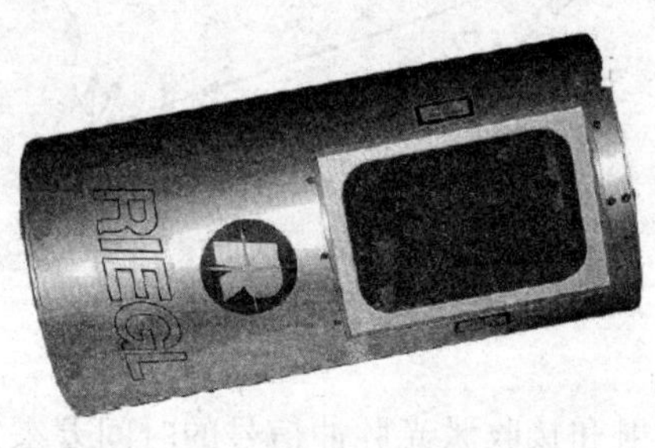

图 2-7 LMS-Q120 激光扫描仪

2. 相位法测距

所谓相位法测距(phase difference),就是通过测量连续的调制波在待测距离上往返传播一次所产生的相位移,间接测定调制信号所传播的时间 t_{2D},从而求得被测距离 D 的一种测距方法。相位法测距的一般公式为[86]

$$D=\frac{c}{2}\cdot\frac{\phi}{2\pi f} \tag{2-2}$$

式中,ϕ 为检测的相位移,f 为调制脉冲的频率。

从式(2-2)可以看出，只要检测出发射和接收信号之间的相位移，就能求出被测目标的距离。

如图 2-8 所示，由载波光源 A 发出的光通过调制器调制后，成为光强随着高频调制信号变化的调制光，射向位于测线另一端的反射镜 B，反射后被接收器 A' 接收，然后进入混频器进行混频，并送入比相器与参考信号进行相位比较，从而得到调制信号在待测距离上往返传播所产生的相位移 $\phi=\Delta\phi_1+\Delta\phi_2$，从而可计算出距离。

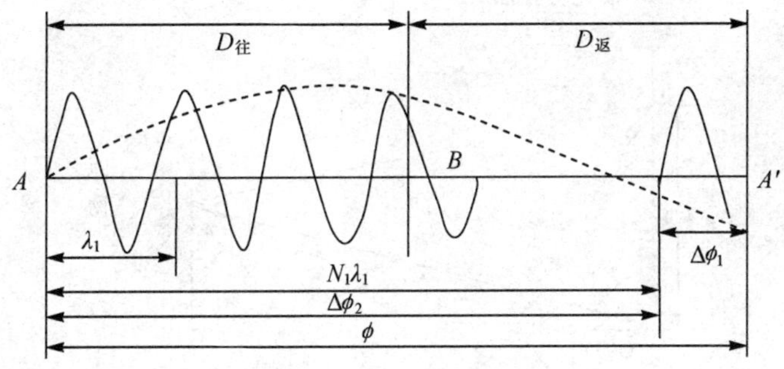

图 2-8　相位法测距原理

相位式激光测距仪由于其精度高(一般为毫米级)，一般应用于精密测距。为了有效地反射信号，并使测定的目标限制在与仪器精度相称的某一特定点上，对这种测距仪都配置了反射镜(称为合作目标)。该类仪器信噪比受测量距离和外部光照条件的影响，测量距离相比于脉冲法较短。

采用相位法测距方式的典型激光扫描仪有徕卡公司的 HDS4500 和 HDS6000、Faro 公司的 Photon120/20(见图 2-9)和 LS840/880 等。这些扫描仪一般采用砷化镓激光器或者氦氖激光器。

图 2-9　Faro Photon 120/20 激光扫描仪

3. 三角测量法测距

三角测量法(triangulation principle)通过几何关系求得扫描中心到扫描对象的距离。由激光发射器、目标反射点以及数码相机感光元件所在位置构成三角形，利用发射到目标物的激光信号线与反射到感光元件的激光信号线之间的夹角，以及激光发射器与感光元件之间固定的基线长度 D_0，即可计算出激光发射器到目标物的距离，如图 2-10 所示。

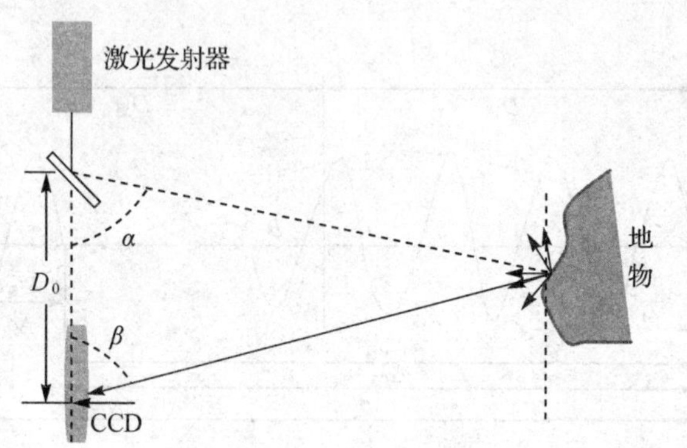

图 2-10　三角测量法测距原理

采用三角测量法测距的典型激光扫描仪有天宝公司的 Mensi S10/S25、加拿大生产的 HandyScan 手持仪。这类仪器的测量距离一般较短，如图 2-11 所示。

(a) Mensi S10/S25　　(b) HandyScan手持仪

图 2-11　三角测量法激光扫描仪

2.2.2　RA-360 激光扫描仪的构造及工作原理

SSW 移动测量系统采用了具有我国自主知识产权的激光扫描仪设备——RA-360，这是一种典型的脉冲法激光扫描仪。本书的研究对象是 RA-360 Ⅰ型和Ⅱ型，由中国科学院光电研究院生产，它们的外观和外部构件以及设备坐标系定义如

图 2-12和图 2-13 所示。

图 2-12　RA-360Ⅰ型激光扫描仪及其坐标系

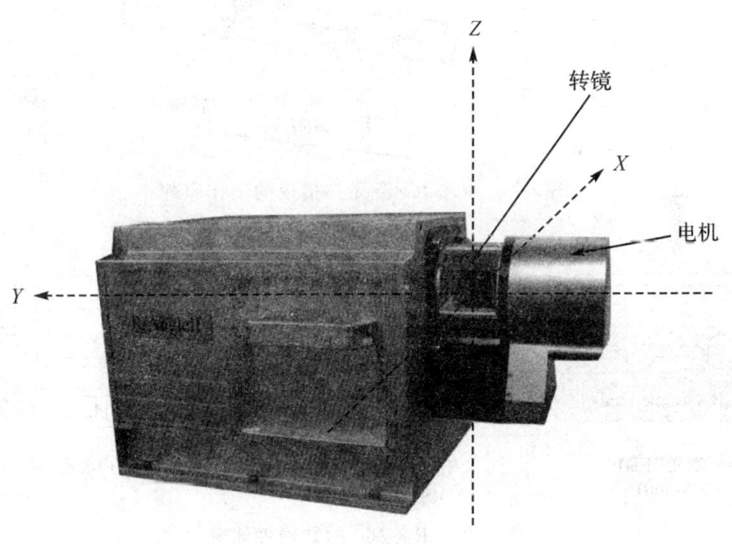

图 2-13　RA-360Ⅱ型激光扫描仪及其坐标系

RA-360Ⅰ型的电机在仪器内部，个头较大，转镜是挑式的，激光扫描仪中心上的罩子只起到保护作用。Ⅱ型采用了不同的设计思路，转镜的设计有了改动，电机变小而且部分在头部的罩子外部，发射和接收光路重合，设备的体积有所减小，重量也有所减轻。设计上虽有所变化，但二者在测距原理上没有质的区别，都属于脉冲法激光测距。二者的坐标系原点都在激光发射中心，X 轴对于水平放置的激光体来说水平向右，Z 轴竖直向上，均为右手系。

图 2-14 是该激光扫描仪的实际工作简图，利用红外激光光速来回反射测算距离，通过棱镜的 360°高速转动，实现 360°全方位扫描，属于非接触式主动测量。RA-360 自 2008 年投放市场以来已经具备了较完备的内外业数据采集和处理系统，如图 2-15所示。

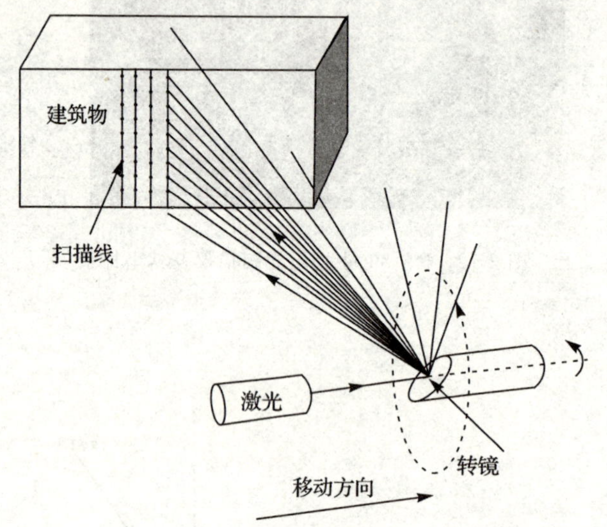

图 2-14　RA-360 激光扫描仪的工作原理

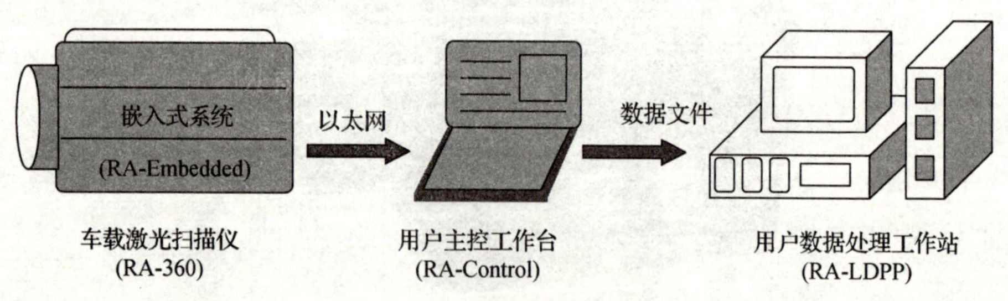

图 2-15　RA-360 的软硬件体系

§2.3　线阵 CCD 相机的工作原理

线阵 CCD 相机是 SSW 系统集成的另一个重要的数据采集设备。

2.3.1　线阵 CCD 工作原理

图像传感器所用到的 CCD 是一种电荷耦合器件(charge coupled device)。CCD 按芯片结构可分为面阵和线阵两种,可分别用于制造面阵相机和线阵相机。面阵 CCD(见图 2-16(a))由 $n\times m$ 个 CCD 单元组成,而线阵 CCD(见图 2-16(b))是由 $n\times 1$ 个 CCD 单元组成的。面阵 CCD 的优点是一次就可以获取二维图像信息,测量图像直观,缺点是像元总数多,且每行的像元数一般较线阵 CCD 少,帧幅率受到限制。线阵 CCD 的优点是一维像元数可以做得很多,而总像元数较面阵 CCD 相机少,像元尺寸比较灵活,帧幅数高,特别适合一维动态目标的测量。

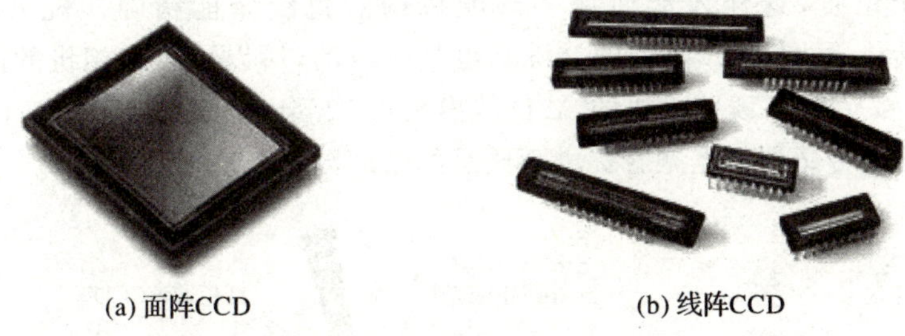
(a) 面阵CCD　(b) 线阵CCD

图 2-16　数码相机的感光元件

面阵 CCD 和线阵 CCD 的工作原理无本质的区别,它们的投影也都是中心投影。如图 2-17 所示的是线阵 CCD 的成像原理。

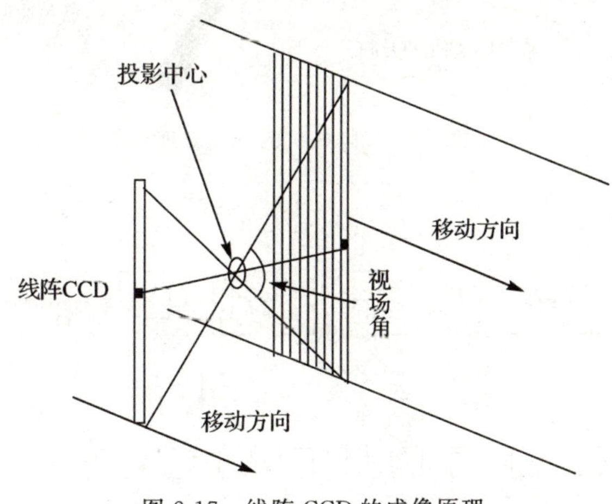

图 2-17　线阵 CCD 的成像原理

2.3.2　XIIMUS CL 和 JAI CV-L107CL 线阵相机

线阵相机采集频率高,能克服面阵相机具有的曝光时间长、数据存储不及时等缺点，非常适合高速动态纹理信息的采集。车载移动测量系统 SSW 采用了两种不同型号的工业级彩色线阵相机：芬兰 TVI 公司生产的 XIIMUS CL 系列 4K 线阵相机和日本 JAI 公司生产的 CV-L107CL 2K 线阵相机。这两种线阵相机的原理都是采用分光棱镜方式进行彩色复原，可同时实现红、绿、蓝光分别成像，同等精度上做到像素级精准对齐，能确保相机输出的某个像素的红、绿、蓝信息属于被测物体上的同一点。

入射光线被分成红、绿、蓝三条光束，每条光束的光谱分布都是标准的，且都用一个 CCD 对其进行测量并进行光电转换，如图 2-18 所示。CCD 按顺序排列可得到分色后的三幅完美图像，这三个 CCD 无论从视角、距离、时刻来观看都严格地放置在同一个位置，这样才能使得不同颜色的彩色线条能精确匹配和同步，如图 2-19 所示。不同 CCD 阵列的分辨率也是一致的，所以该线阵相机的图像颜色非常逼真。TVI 4 K 线阵相机的 A/D 转换高达 12 bit，能得到纹理的细节，能更好地为后期的多传感器数据融合提供高质量的纹理数据。

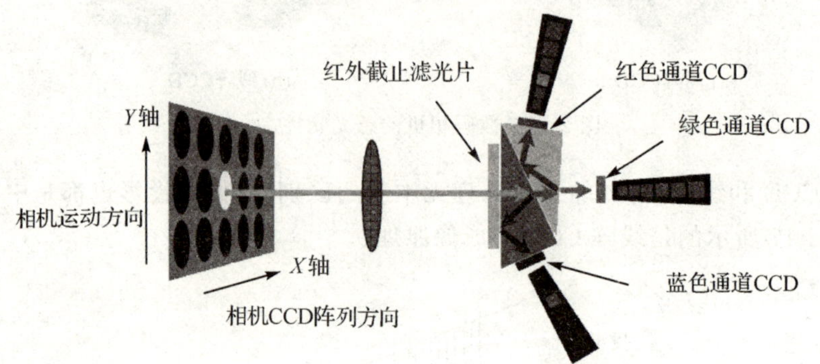

图 2-18 线阵相机的分光原理

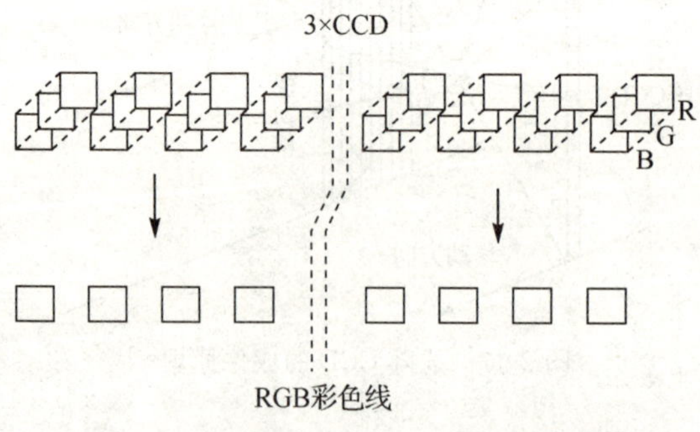

图 2-19 线阵 CCD 棱镜分光配置

TVI 4K 线阵 CCD 的详细参数[87]如表 2-2 所示。

表 2-2　**TVI 4K 相机的参数**

像素个数	4 096
CCD 尺寸	长 10 μm、宽 10 μm
扫描最大线频	9.5 kHz
扫描周期(40 MHz 时)	105 μs
A/D 转换	12 bit
使用电压	24 V
重量	1.3 kg(不包括镜头)
工作温度	5～55℃

JAI 2 K 线阵 CCD(见图 2-20)配备了一键式白平衡功能,它的 A/D 转换最高为 8 bit,其详细参数[88]如表 2-3 所示。

图 2-20　JAI 相机

表 2-3　**JAI 相机的参数**

像素个数	2 048
CCD 尺寸	长 14 μm、宽 14 μm
扫描最大频率	19 kHz
扫描周期(40 MHz 时)	53.8 μs
A/D 转换	8 bit
使用电压	5 V

无论采用哪一款线阵相机,在实际作业时都要进行白平衡校正,以便获得的图像接近实际地物的色彩,然后才可以进行数据采集和存储。

2.3.3　线阵 CCD 在车载移动测量系统中的应用

线阵相机可以接受两种触发模式:一种是内触发模式,即借助相机内部的时钟脉冲触发相机曝光,这种模式非常适合相机的测试工作;另一种是外触发模式,即相机受外部触发脉冲的控制曝光,这种模式便于线阵相机与其他传感器协同作业。在车载移动测量系统中一般使用外触发模式控制相机采集数据。

线阵 CCD 相机的使用步骤如下。

(1)开启相机,先进行白平衡调整。

(2)调整影像质量。观察影像的颜色、亮度以及清晰度,亮度大,则减小光圈或者降低积分时间,反之亦然,微调焦距使清晰度调整到最佳。

(3)设置相机为外触发模式,收到外触发信号即可采集影像并实时保存。

(4)影像采集完之后,要进行格式转换、图像拼接和直方图调整,最终得到可以直接使用的数据格式。

第 3 章　车载激光扫描仪的检校原理与方法

相对于传统的大地测量和摄影测量仪器检校而言，激光扫描仪的检校是一个相对复杂的问题。首先，激光扫描仪的构造相当复杂，它的生产一般是小规模的，仪器和仪器之间的精度差异大，而且依赖于各自的校准和仪器使用过程中的方式、对策[89]。其次，由于制造商之间的激烈竞争，国外激光扫描仪的设计往往对外保密，每个制造商都有各自的检校流程[90]，但很少公开，国内生产厂商又缺乏足够的测量知识和经验。所以，关于激光扫描仪系统仪器误差的知识很有限，目前国内仍然没有标准的检校流程，要将其用于精密测量，检校的需求显而易见。对于不同激光扫描仪，测量误差来源往往不同。本章在分析激光扫描仪测量原理的基础上，提出了锥扫角的概念，找到了影响激光扫描仪测量误差的主要来源——锥扫角的大小、角度测量误差和距离测量误差。概括总结了激光扫描仪检校相关的技术指标，对用户关心的指标进行了检测，重点提出了两种测量锥扫角的方式。在分析激光扫描仪测角原理和测距原理的基础上，分别建立了相应的检校模型，并设计了相关实验，得到了检校模型参数。

§3.1　激光扫描仪检校内容及检校标靶的制作

通过第 2 章的分析可以概括地总结出脉冲法地面激光扫描仪的工作原理：根据测量激光束从发射到返回所用的时间差，得到距离观测值 S，精密时钟控制编码器保证激光扫描仪能够同步地测量出纵向激光扫描角度观测值 α。此外，还可以同步记录激光信号的反射强度信息。θ 就是由于激光发射光线不垂直于转镜转轴而造成的激光扫描锥面（OP 是圆锥母线）与扫描平面（平面 O-XZ）的夹角，称之为锥扫角，如图 3-1 所示。

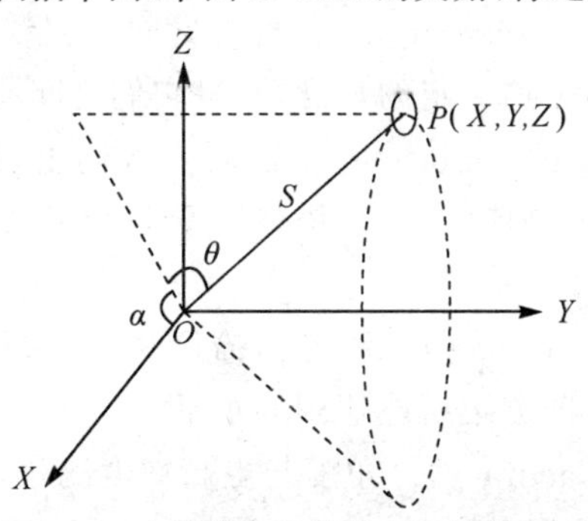

图 3-1　三维激光扫描仪坐标计算原理

在三维激光扫描仪坐标系中，α 是扫描线与 $O\text{-}XZ$ 面内与 X 轴的夹角，θ 是扫描线与 $O\text{-}XZ$ 平面的夹角，则激光扫描仪扫描到的点的坐标可以表示为

$$X=S\cos\theta\cos\alpha$$
$$Y=S\sin\theta$$
$$Z=S\cos\theta\sin\alpha$$

则点位的坐标精度为

$$\left.\begin{aligned}\Delta X&=\cos\theta\cos\alpha\,\Delta S-S\cos\theta\sin\alpha\,\Delta\alpha\\ \Delta Y&=\sin\theta\,\Delta S\\ \Delta Z&=\cos\theta\sin\alpha\,\Delta S+S\cos\theta\cos\alpha\,\Delta\alpha\end{aligned}\right\}\tag{3-1}$$

从式(3-1)可以看出，影响三维坐标精度的因素主要有锥扫角 θ 的大小、测距误差 ΔS 和纵向测角误差 $\Delta\alpha$。因为每种激光扫描仪的工作模式不同，具体误差来源也不尽相同，RA-360 激光扫描仪属于二维激光扫描仪，锥扫角设计为 0°，事实上可能不为 0°。

下面首先明确一下与激光扫描仪检校相关的技术指标和性能参数。本书总结了以下需要测量工作者特别关注的激光扫描仪性能，并给出了相应的含义，便于评价或购买该类设备的人士借鉴和参考，也为下文进行激光扫描仪检校研究奠定基础。

(1)测程(measure rang)。也称距离测量范围，是每一个激光扫描仪出厂前的标称值之一，它应该是几米至千米范围的一个值，距离测量范围在很大程度上限制着激光扫描仪的应用。

(2)发散角(angle of incidence)。激光束不能保持光束直径大小而产生的一个角度。发散角越大，激光性能越差，测量越不准确。

(3)光斑大小(spot size)。光斑的大小是由发散角的大小和激光落脚点与激光中心的距离两个因素决定的。光斑越大，测量精度越差。

(4)锥扫角(tape angle)。该角度是由于激光发射方向与棱镜旋转轴不垂直造成的，锥扫角的存在使激光扫描面由一个平面变成伞状的锥面。就二维激光扫描仪而言，这个角度的大小影响了激光点的三维坐标计算，所以其大小必须事先测定[91]。

(5)测距分辨率(range resolution)。指测量同一视线上两个分离物体间间距的能力极限，而不是指当分离一定的角度，测量它们之间在距离上差异的能力。

(6)测角分辨率(angle resolution)。在同一方向上，区分两个目标的最小角度。体现了识别相邻两个物体的能力，该能力受激光光斑大小和激光采样角两个因素的影响。

(7)测距精度(range acuracy)。激光扫描仪测得的距离与更高精密仪器测得的距离之差，代表着某仪器测距所能达到的水平。

(8)测角精度(angle acuracy)。角度与更高精度测角装置得出的角度差异，代表仪器测角所能达到的水平。

3.1.1 激光扫描仪检校的具体内容

检校工作涉及两类:一类是检,另一类是校。检就是测出来,但不通过测量的手段进行性能的改善,也称为测定。对于激光扫描仪而言,距离测量范围、发散角的大小、锥扫角大小、测距分辨率、角度分辨率等性能都属于测定的范畴,这些性能都是由激光本身的特性所决定的。校就是不仅要检测,还要在检测之后根据需要进行校准。同任何测量仪器一样,激光扫描仪在真正用于测量之前也需要进行一系列的检校工作。目的是通过更高精度的数据对仪器测量出来的结果进行标定,并建立相应的数学改正模型以改善仪器的性能。通过前面对激光扫描仪原理的介绍可以看出,激光扫描仪测得的地物点坐标的直接影响因素是角度信息和距离信息。这两个重要的内容也构成了激光扫描仪检校的核心内容。但是影响这两项信息的因素众多,这给检校工作带来了困扰。

目前对于激光测距技术探讨相对较多的是全站仪测距(相位式激光测距)[92-94],但是针对无合作目标的激光扫描仪的测距探讨还不够完善,定性分析的文献较多[95-97],定量分析需要进一步深入研究。有关这类激光扫描仪角度测量精度的研究文献较少,这正是本书突出研究的内容之一。

综上所述,车载激光扫描仪检校的内容主要有:锥扫角的测定;激光发散角大小测定;激光扫描仪测角分辨率、测距分辨率的测定;激光测距范围的测定;激光测角精度的检校;激光测距精度的检校,其中包括加常数、乘常数、反射强度对距离的影响修正等。

3.1.2 激光标靶的设计及应用

由于测量用的激光对人眼不可见,这给检校工作增加了困难。为了研究激光扫描仪的检校问题,国内外专家常借助球状标靶,用球面拟合公式求取球的中心来作为测量值[98-100]。这种方法存在一定的拟合误差,所以本研究舍弃球面标靶,自主设计了几种可用的标靶。

制作标靶前要先明确标靶的用途是用于拼接还是检校,拼接标靶通常为单一材质,检校标靶则选择灰度板,要求灰度板内部信息在点云中能够体现。这两种用途都需要标靶能在激光点云中清晰可见,便于查找。标靶的尺寸和形状要符合数据采集的要求。

本书设计了四种检校标靶,第一种是面状的灰度板(见图 3-2),第二种是线状的灰度板(见图 3-4(a)),这两种灰度板能让激光的反射强度值在测程范围内有较多的分布,而不是集中在高端或者低端,从而导致数据不便于分析。第三种是用交通标志组成的十字标靶(见图 3-3),可用于相同反射强度的距离标定、动态锥扫角测定、平行性绑定调节等。第四种是移动标靶(见图 3-4(b)),用于寻找静态激光点,以及辅助测量激光光斑大小及发散角。

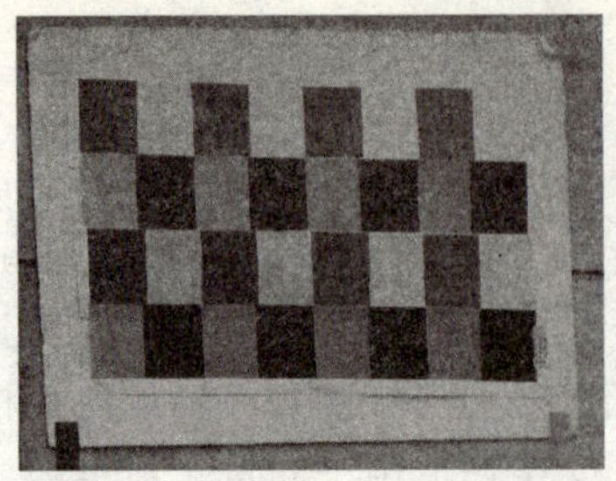

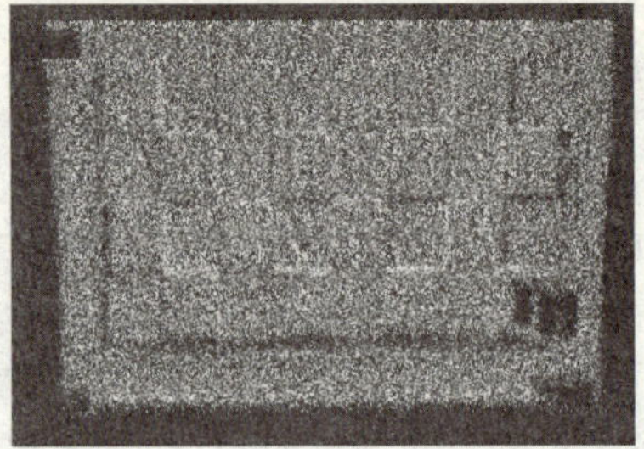

图 3-2　面状灰度板及其在点云中的图像

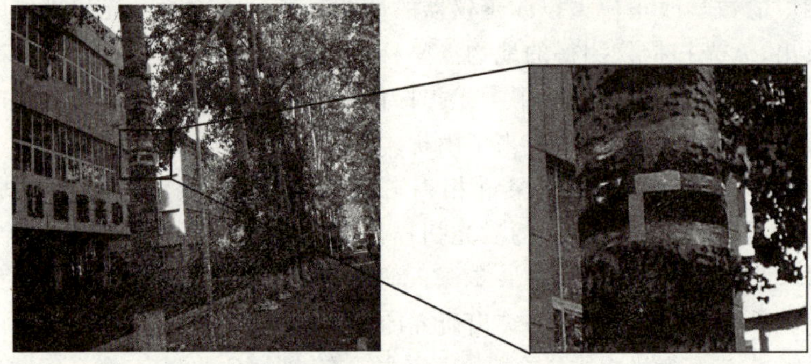

图 3-3　特制灰度标靶

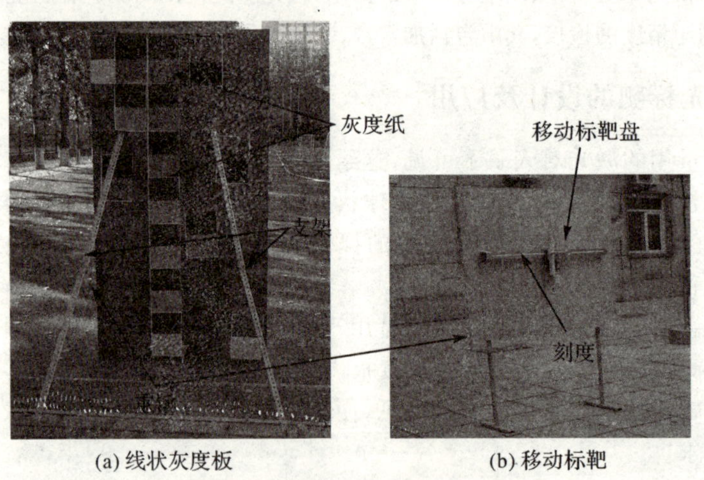

(a) 线状灰度板　　(b) 移动标靶

图 3-4　线状灰度板和移动标靶

从图 3-2 所示的点云图中可以看到，各个灰度块在点云中都能较好地区分开来。灰度板是用材质相同的 A4 纸打印出不同的灰度后拼贴而成的，各灰度块对激光的反射强度各不相同，导致各自在点云中的表现不同，有的凸出来，有的凹进去，非常便于进行规律统计处理。

§3.2　激光扫描仪技术指标的测定

3.2.1　光斑大小、发散角的测定

1. 发散角与光斑大小的关系

激光束发散角的大小是衡量激光性能好坏的重要指标之一,发散角越小激光性能越稳定,激光扫描仪的精度才可能高。所以每一台激光扫描仪在实际作业之前,非常有必要确保其满足产品的标称要求。

激光是一种以非常窄的光束传播的高能量单色辐射光线,关于激光的原理在很多文献中可以看到[101-103]。激光的电磁波谱范围从红外到紫外,地面激光扫描仪的激光波谱范围从 500 nm(绿色)到 800 nm(近红外)不等。激光器发射出激光束的形态如图 3-5 所示。

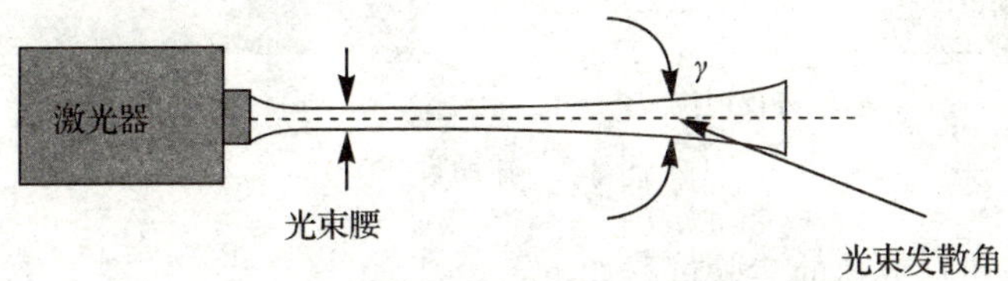

图 3-5　激光束的形态

严格地讲,激光束从激光腔体发出以后先汇集在一个叫做光束腰的位置,这个位置一般距离激光发射腔体很近,激光束的发散度与光束腰的直径成反比。对于大多数激光设备尤其是 RA-360 系列而言,这个很近的距离相对于测程来说完全可以忽略不计。

激光的光斑也就是激光脚点,它是激光束落在物体上的光束范围。从图 3-6 中可以看出,光斑的大小与激光的发散角和激光器距离物体的距离两个因素有关,光斑的直径 D_f 的计算见式(3-2)。

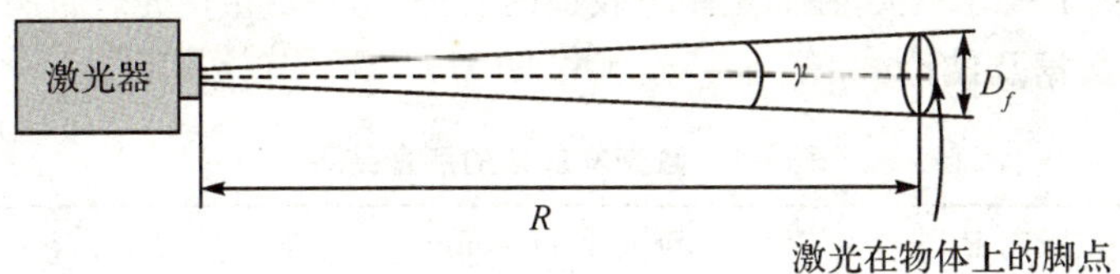

图 3-6　激光束发散角和光斑的关系

$$D_f = 2R\tan(\gamma/2) \approx R\gamma \tag{3-2}$$

式中,R 是激光器与物体之间的距离,γ 是激光的发散角。

由于 γ 一般较小,所以光斑的直径 D_f 可以近似等于激光束发散角与测距的

乘积。

2. **光斑大小与发散角的测定方法**

在对 RA-360 系列激光扫描仪的激光发散角和光斑大小的实际测定过程中，同样利用式(3-2)来计算发散角的大小。

仪器设备：拓普康 GTS-720 全站仪一台，测距精度为$\pm(2\ \mathrm{mm}+2\times10^{-6}\times D)$；红外夜视仪一台(见图 3-7(a))、激光检测卡一张(见图 3-7(b))、三角平台一个、水准泡一个。

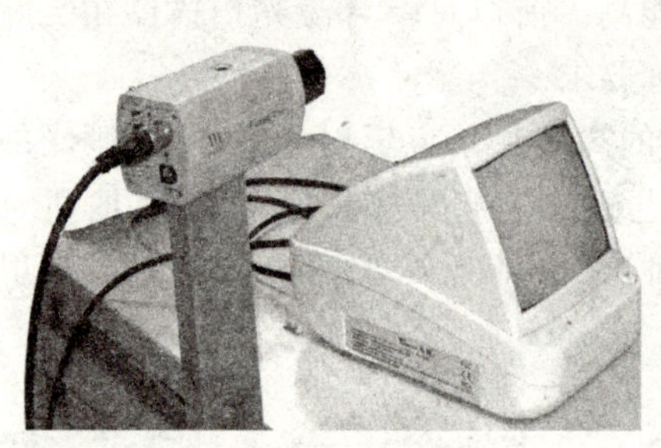

(a) 红外夜视仪

(b) 红外激光检测卡

图 3-7　辅助设备

测量光斑和发散角的实验过程如下。

(1)首先将放置激光扫描仪的平台放在距离目标物一定距离的地面上，通过三角调平螺旋使平台大致整平。

(2)将激光扫描仪放置在平台上，再将水准泡放置在激光体上，调平激光扫描仪。

(3)打开激光扫描仪，对准目标物定点扫描，尽量使光束水平射出。

(4)用红外夜视仪找到目标物上光斑的位置，并用游标卡尺精确量取光斑的直径。之后用激光检测卡在这个位置上找到激光脚点，并在检测卡上量取激光光斑的直径。

(5)用全站仪精确量出激光光斑与激光扫描仪中心之间的距离。

因为检测卡尺寸不大，在满足距离较远的前提下，要尽量使光斑布满检测卡。

3. **实验数据及结论**

表 3-1　激光发散角的测量结果

距离 R/m	光斑大小 D_f/cm	发散角的大小 γ/mrad
10.9	12.86	1.18
16.0	10.88	0.68
26.0	10.14	0.39
56.0	20.16	0.36
107.0	33.17	0.31

由表 3-1 可以看出，近距离激光的发散角不能满足标称精度（0.3 mrad），这是由于测量误差造成的。随着距离越来越远，光斑大小和距离对发散角的影响变小，可以看到，在距离 100 m 左右，发散角接近于标称值 0.3 mrad（见表 2-1）。

3.2.2 测距范围、分辨率的测定

距离测量范围在某种程度上决定了激光设备的选择。机载激光扫描仪对距离测量的范围要求在上千米以上，而地面激光扫描仪对距离测量范围要求则没有那么高，几百米甚至几十米就能满足要求。RA-360 Ⅰ型激光扫描仪标称距离测量范围是 3～300 m，测量工作者更为关心最远测距数据。厂商给出标称值时通常不注明目标物体反射率这一测距条件，这就需要在获得产品后对测距性能进行测定，把实际的测距范围测量出来，以便在真正作业时切实保证被测目标在可测范围内。对 RA-360 进行距离范围测定时，采用的目标物体的反射强度类似于一般建筑物，目的就是为了让测定的数据具有较高的普适性。

如果条件允许，可以编写一个实时观看点云的程序，通过它在目标物体由近及远的运动过程中较为准确地得出激光的距离测量范围。否则，只能在标称范围临界点附近移动被测物体进行数据解算，然后观察数据返回信息。

具体的实施方法为：将激光扫描仪固定、整平，然后开启激光扫描仪，持续采集数据，在周围 2.8～3.3 m 范围内设立标准反射率标靶，采集一定量的数据后停止，用点云工作站 DY-1（功能详见附录）查看。解算得到点云距离激光扫描头最近的值，同样的方法可确定最远测距值。

距离分辨率也是影响测距精度的一个重要因素，是衡量激光测距能力的一个重要指标。距离分辨率是由激光脉冲的特性决定的[104,105]，作为用户，由于缺乏相关的检测设备，故对距离分辨率无法进行定量的测定。RA-360 系列激光扫描仪的标称距离分辨率是 5 mm，激光脉冲是一个相对恒定的量，即便距离分辨率为 1 cm，也完全满足一般工程测量的需要。

3.2.3 锥扫角的测定

1. 锥扫角测定的原理与方法

锥扫角的测定比较棘手，一是因为 RA-360 所用的激光肉眼不可见，必须借助其他测量设备才能观测到，这就增大了难度；二是因为锥扫角本来就很小，应用常规测量手段非常难以测出。锥扫角的存在确实对激光测得的三维坐标的精度有着重大的影响，存在 1′的锥扫角就可以导致 100 m 距离偏差 2.9 cm，这个误差算比较大了。图 3-1 中，RA-360 系列激光扫描仪的 θ 角从设计原理上看应该为 0°，实际是否如此，需要设计严格的实验进行验证。如果不是 0°，还需要精确求出具体值，以便后期数据处理时消除该角对三维坐标的影响，得到更为准确的三维坐标。这

个 θ 角就是激光扫描仪的锥扫角。由于锥扫角的存在，在扫描仪坐标系中，扫描点 Y 坐标会不为 0°，锥扫角对坐标的影响随着距离的增加而增大，将给坐标值的计算结果带来极大的误差。精确测定锥扫角后，扫描点的坐标就可以精确计算，从而可消除锥扫角的影响。另外对于 360°视角激光扫描仪而言，这个值尽量小的话，对后期的数据融合更为有利。验证该角的存在以及测量它的大小是该系列激光扫描仪检校的首要任务。锥扫角的剖面示意图如图 3-8 所示。

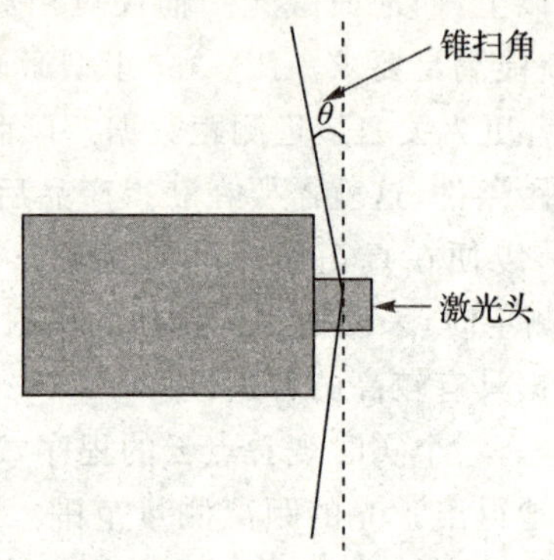

图 3-8 激光扫描仪锥扫角

从锥扫角的形成原理来看，在激光头两侧同一平面内扫描线的夹角最大。RA-360 激光扫描仪锥扫角的存在是因为激光束与转镜的转轴不平行导致的，因为该设备没有提供调节机构，锥扫角只能测定，无法减小。在探索锥扫角测定的过程中，本书提出了“动态”和“静态”两种可行方案。

“动态”方案即让激光扫描仪高速旋转，并做空间移动时，测定锥扫角。在扫描仪两侧布设标志点，如图 3-9 所示，激光扫描仪上下移动时，能够获得标志点 A 和 B 的点云。通过扫描开始和结束时扫描仪中心的高程，可以精确求得标志点 A、B 两点点云对应的激光扫描仪中心的高程，进而可以求得两点到扫描仪中心的高差以及两点与扫描仪中心的连线与水平线的夹角，这两个角度绝对值的平均值即为锥扫角的值。

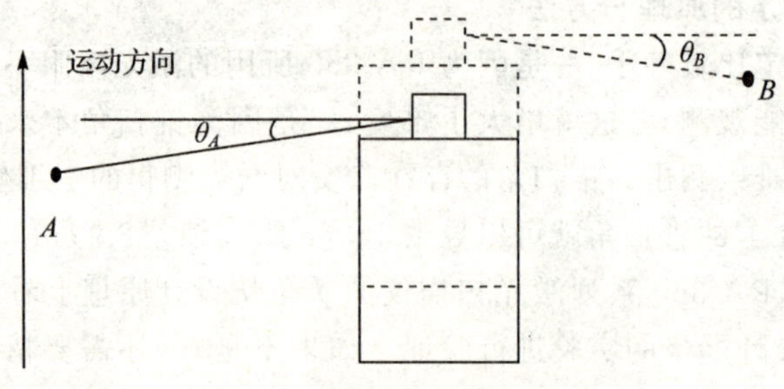

图 3-9 锥扫角动态测定原理

该方案锥扫角的计算公式为

$$\theta_A = \arctan\frac{(H_A - H_{TA})}{L_{A-TA}} \tag{3-3}$$

$$\theta_B = \arctan\frac{(H_B - H_{TB})}{L_{B-TB}} \tag{3-4}$$

$$\theta = (\theta_A + \theta_B)/2 \tag{3-5}$$

式中：θ 为锥扫角，θ_A 为标志点 A 与 A 点点云对应激光扫描仪中心连线与水平线间的夹角，θ_B 为标志点 B 与 B 点点云对应激光扫描仪中心连线与水平线间的夹角，H_A、H_B 分别为 A、B 点的高程，H_{TA}、H_{TB} 分别为 A、B 点点云对应激光扫描仪中心高程，L_{A-TA} 为 A 与 A 点点云对应的激光扫描仪中心之间的距离，L_{B-TB} 为 B 与 B 点点云对应的激光扫描仪中心之间的距离。

标志点标靶的选取原则是：标靶既能在影像信息中清晰可见，又能在点云信息中精确量出。不同激光扫描仪扫描同一标志获得的点云是不一样的。经过大量的实验发现，交通标志在 RA-360 激光点云中能突出于一般的建筑物表面，而且在灰度上明显区别于一般的建筑物，另外彩色的交通标志在线阵相机影像里面也是清晰可见的（见图 3-10）。

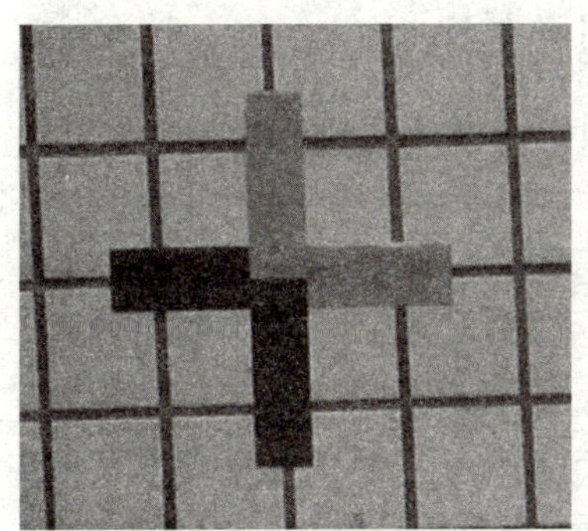

图 3-10 特制标靶标志及其点云

“静态”方案即在激光扫描仪不转动扫描镜，且不需要做空间位移时测量锥扫角。将激光扫描仪放在平台上并置平，借助移动标靶在距离激光扫描仪中心一定距离的左侧找到与激光中心同等高度的激光点，然后用全站仪测量出该点的坐标。将标靶后移一段距离，再找到同侧的第二个激光点，同样也测出该点的坐标。将激光扫描转镜转向另一侧，同样的方法再找到两个激光点，并用全站仪测出这两个点的坐标。这样就可以求出左右两侧两个点连线的夹角度数了，夹角度数的一半即为锥扫角的值。为了去除测量粗差，在激光扫描仪两侧各测得 3～4 个点，而且同侧点的间隔要尽量远一些。

静态测量锥扫角时，激光整平后也可以借助夜视仪或者激光检测卡找到激光左右两侧与激光扫描仪中心尽量同等高度的激光点，然后测出相应的坐标；将激光棱镜用手拨至相反的方向，同样的方法也量取另一侧激光点的坐标，最后量出激光扫描仪中心在全站仪坐标系下的坐标，通过坐标关系反算出角度值。

利用全站仪将激光扫描仪中心和活动标靶置于同一水平高度，借助移动标靶找到激光扫描仪一侧至少 2 个激光点，如图 3-11 所示，测出一侧活动标靶上找到的激光点的坐标(X_1,Y_1)、(X_2,Y_2)，同样的方法测出另一侧的两个激光点的坐标(X_3,Y_3)、(X_4,Y_4)，即可计算激光扫描线与转轴的垂直偏差。

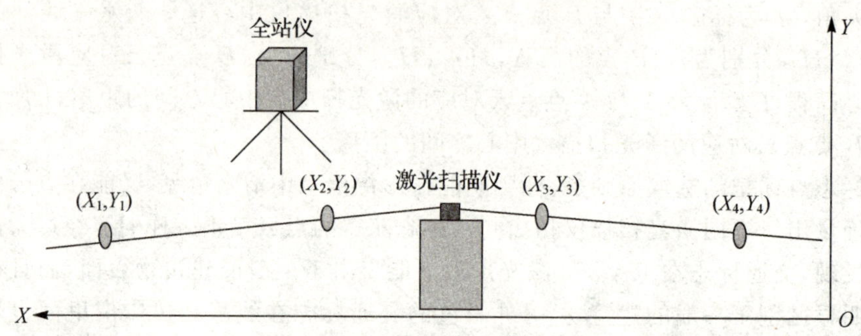

图 3-11 静态锥扫角测定原理

设由标靶坐标点求出的两条直线的斜率为 K_1、K_2。

$$\left.\begin{aligned} K_1&=\frac{Y_2-Y_1}{X_2-X_1} \\ K_2&=\frac{Y_4-Y_3}{X_4-X_3} \end{aligned}\right\} \tag{3-6}$$

则锥扫角度 θ 为

$$\theta=\frac{1}{2}\arctan\left(\frac{K_2+K_1}{1-K_2K_1}\right) \tag{3-7}$$

2. 锥扫角测定的实验方案及数据分析

按照动态测量锥扫角的原理，依次量出几对点在点云里面的坐标值，同时量出点云中起始点的 Z 值（也就是量出点云的上下边缘的 Z 值，也可以打开点云文件查看并记录下来），然后可以内插出扫描到目标点相应的扫描中心的坐标。根据式(3-7)计算出锥扫角的大小。动态测量的 4 组数据和结果见表 3-2 所示。

表 3-2 动态锥扫角测定结果

组别	H_A/m	H_{TA}/m	L_{A-TA}/m	H_B/m	H_{TB}/m	L_{B-TB}/m	θ/(′)
1	2.588	2.153	65.676	1.881	2.393	73.008	−0.669 5
2	2.029	1.596	66.028	1.211	1.708	71.767	−0.631 4
3	2.641	2.184	65.789	1.836	2.372	72.618	−0.747 1
4	2.035	1.649	66.102	1.234	1.687	72.306	−0.731 4

从动态测量锥扫角的测定结果 θ 来看，其值较为稳定，证明该测定方法是可行的。θ 角 4 次测量结果的平均值约为 $-0.6949'$，这个角度非常小，在满足测量精度的前提下可以忽略不计。静态测得的 θ 结果如表 3-3 所示。分析比较这两种测量方法的结果可以看出，两种方式测得的锥扫角 θ 值基本一致，而且都很小，非常有利于后期数据融合的实现。这两种测量锥扫角的方案也可以用于测定其他类似激光扫描仪设备的锥扫角。

表 3-3　静态锥扫角的测定结果

组别		左侧		右侧		$\theta/(')$
		X/m	Y/m	X/m	Y/m	
第一组	1	171.532	99.999	103.750	100.020	−0.612
	2	132.801	99.999	38.339	99.997	
	3	124.554	100.002	84.554	100.002	
	4	107.667	100.003	64.663	100.008	
第二组	1	150.000	100.006	87.095	100.006	−0.642
	2	114.349	100.000	44.952	99.997	
	3	127.953	99.997	69.774	99.993	
	4	109.439	99.994	89.439	99.997	

锥扫角的测定工作完成之后，激光扫描仪与测距相关的几个重要的性能参数就基本测定完成了，接下来可以检校测角精度（$\Delta\alpha$）和测距精度（ΔS），这是另外两个可以直接影响激光扫描仪三维坐标精度的因子。

§3.3　激光扫描仪测角误差检校

3.3.1　激光扫描仪的测角原理

为了使激光扫描仪获取的几何信息具有较高的精度，本节从激光扫描仪的测角原理出发，重点分析测角误差的来源及其规律，进而建立检校模型并提出可行的检校实施方案。

激光扫描仪的测角一般采用目前工业控制中最为常用的光栅角编码器，也称角度测量传感器，它是以高精度计量圆光栅为核心器件，通过光电转换将输入的角度信号转化为相应电信号输出的一种数字式角位置传感器，具有测量精度高、分辨率高、抗干扰能力强、稳定性好、有方便的计算机接口可实现数字信号处理和自动化、适宜远距离传输等突出特点。图 3-12 所示的是一种典型的光栅角编码器，主要由光栅环（也就是主光栅）和读数头（指示光栅的读数电路）两部分构成。

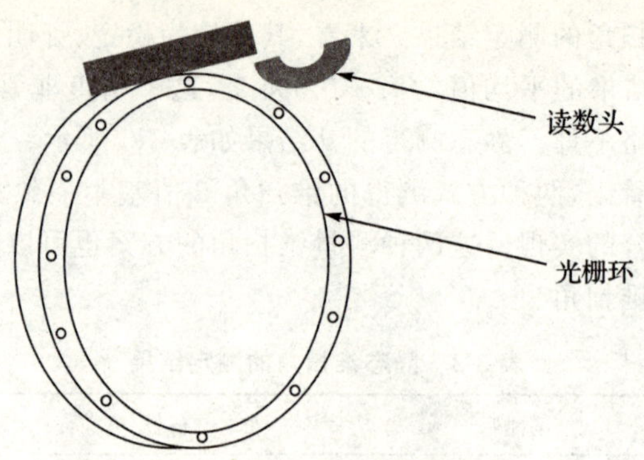

图 3-12 光栅角编码器

光栅角编码器的测角原理是:光源发出的光线通过聚光镜汇聚成平行光,射向由主光栅和指示光栅组成的光栅副。组成光栅副的一对光栅一般具有相同的刻线密度,主光栅为与被测对象固连的圆光栅,指示光栅则固定不动,且仅覆盖一定的角度范围。两种光栅刻线相互错开一个微小的夹角,这样光线透过光栅重叠部分时,就会由于干涉作用产生随光栅相对移动而径向移动的明暗相间条纹,称为莫尔条纹(Moire fringe)。光栅角编码器利用光电器件将莫尔条纹的移动所产生的光强变化转化为近正弦的电信号输出,从而间接检测光栅的相对位移量,进而可由此计算出转动的角度。

3.3.2 激光测角误差分析及检校模型的建立

光栅角编码器除了光栅环的条纹不均匀、存在读数头细分误差等自身因素外,机械加工和安装的精度不够高,包括安装偏心、安装倾斜、转动轴晃动等都可能带来测角误差,这是主要的误差来源。码盘安装倾斜和轴承晃动带来的误差则非常小,可以忽略不计。本书重点分析安装偏心带来的测角误差。

安装偏心即光栅环的中心和读数头的转动中心不重合,如图 3-13 所示。设光栅环的半径为 r,O 为光栅环的中心,O_1 为读数头的转动中心,两者的距离为 d。为简单起见,设角编码器的零位置在 X 轴上。当读数头实际转动的角度为 α_1 时,读数头相对光栅环转动的角度为 α,此即为角编码器输出的角度。

由三角形的边角关系推导得出

$$\frac{r}{\sin(180-\alpha_1)}=\frac{d}{\sin\Delta\alpha}=\frac{r}{\sin\alpha_1} \tag{3-8}$$

因为 $\Delta\alpha$ 始终是小角度,所以式(3-8)可以近似为

$$\Delta\alpha=\frac{d}{r}\rho\sin\alpha_1$$

$$\Delta\alpha=\frac{d}{r}\rho\sin(\alpha+\Delta\alpha) \tag{3-9}$$

式中：$\rho \approx 206\,265''$。

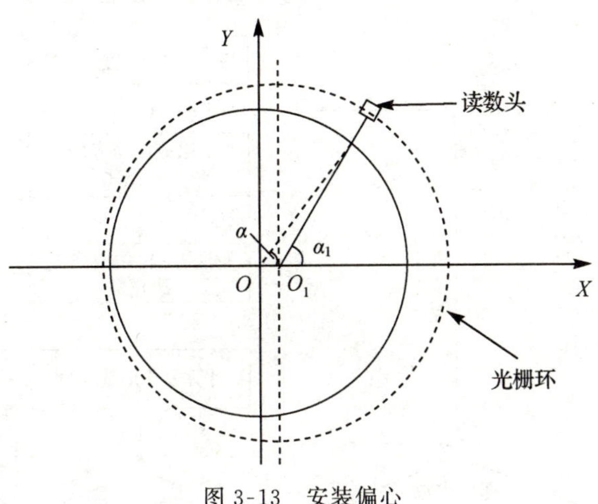

图 3-13　安装偏心

这里讨论两种情况：

(1)当 α 与 $\Delta\alpha$ 大小相当，且都很小时，式(3-9)等号左右两边都近乎等于 0。

(2)当两者的值相差较大时，式(3-9)等号右边的 $\Delta\alpha$ 可以忽略，得到式(3-10)。

$$\Delta\alpha \approx \frac{d}{r} \cdot \rho \sin\alpha \tag{3-10}$$

可以看出，$\Delta\alpha$ 与 α 的关系近似于含有参数的正弦曲线。

由式(3-10)建立激光扫描仪的角度改正误差模型为

$$\alpha_Q = \alpha_L + k_0 + k_1 \sin(\alpha_L + k_2) \tag{3-11}$$

式中：α_Q 为高精度仪器测定的标志点角度；α_L 为激光扫描仪测量的标志点的角度；k_0、k_1、k_2 为模型参数。

当具有多个观测值时，对模型线性化得到

$$v_\alpha = \hat{\alpha}_i - \alpha_i + \Delta k_0 + \sin(\alpha_L + k_2)\Delta k_1 + k_1 \cos(\alpha_L + k_2)\Delta k_2$$

式中：$\hat{\alpha}_i$ 为 α_i 的估值，$i=1,2,\cdots$。

通过迭代计算，得到 k_0、k_1、k_2。

可编程实现整个参数解算过程，程序设计流程如图 3-14 所示。

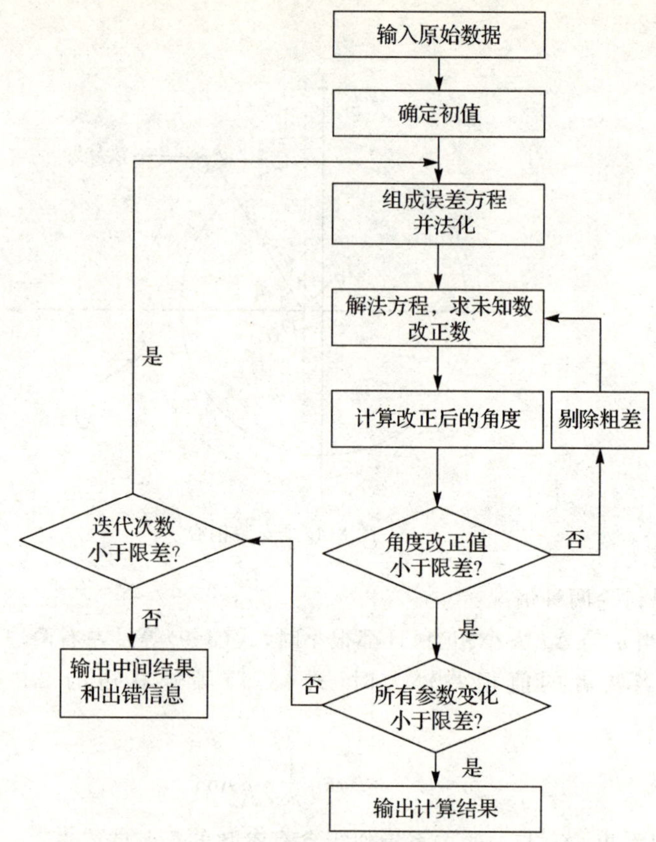

图 3-14 标定参数的计算流程

3.3.3 激光测角误差检校实验及数据分析

由于码盘制作非常精密，没有非常好的方法对其角度直接进行高精度测量。本书设计了两种检校方案：一种是借助高精度的全站仪（如拓普康 GTS-720）量测出各个标志点的坐标，然后反算出角度信息，这种方法也称为基于全站仪的实验室检校法；另一种是借助高精度数控转台的角度信息，这种方法称为基于数控转台的实验室检校法。下面以 RA-360 Ⅱ型为例，详细给出这两种方案的实施过程和结果。

1. 基于全站仪的实验室检校法

将车载移动测量系统移动到四周都有建筑物的检校场地，激光扫描仪以竖直工位上下扫描周围设置好的标志点（见图 3-15），扫描完成后，用全站仪测出激光扫描仪中心和各个标志点的坐标，然后计算出标志点与扫描中心连线的方位角度值，并转换成激光扫描仪测角坐标系下的角度，用于角度标定。检校场地面应尽量平整，作业时尽量使激光体垂直于地面，这样就可以把激光角度计算转换到水平面上进行，这会大大减少计算工作量。

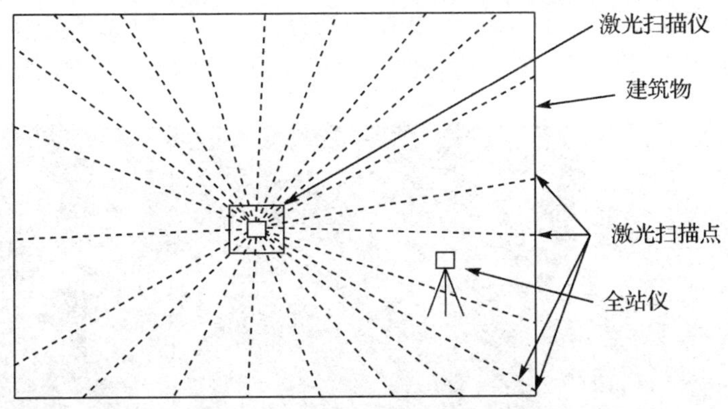

图 3-15　基于全站仪的实验室检校法

图 3-16 所示的是基于全站仪实验室方法的实验场地，标志点采用的是反射强度较强的反光片，这样非常便于在点云中找到这些点。解算出来的标志点在点云中的图像如图 3-17 所示。

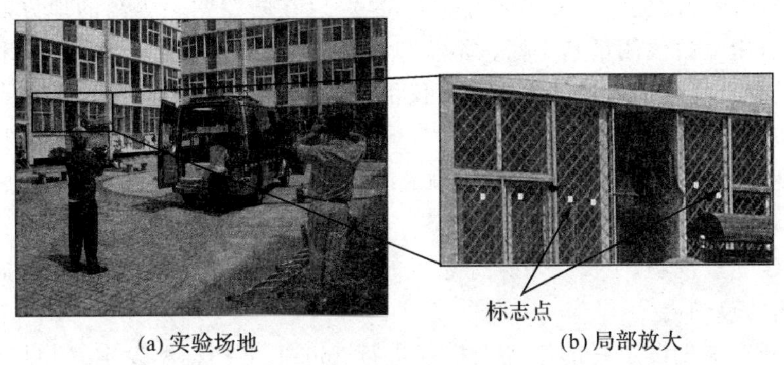

(a) 实验场地　　(b) 局部放大

图 3-16　实验场地布设

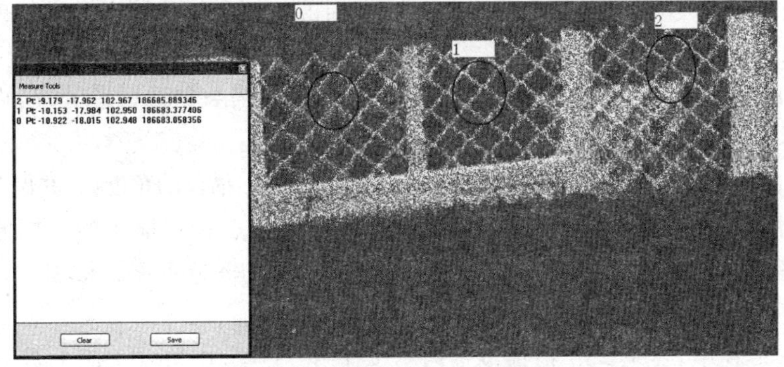

图 3-17　正视图点云中的特征点

为了便于量测，可以在 DY-1 工作站中选择顶视图模式(见图 3-18)，可以明显看出，在这种视图模式下贴有反射片的点“凸”出普通的墙面，非常便于测量。

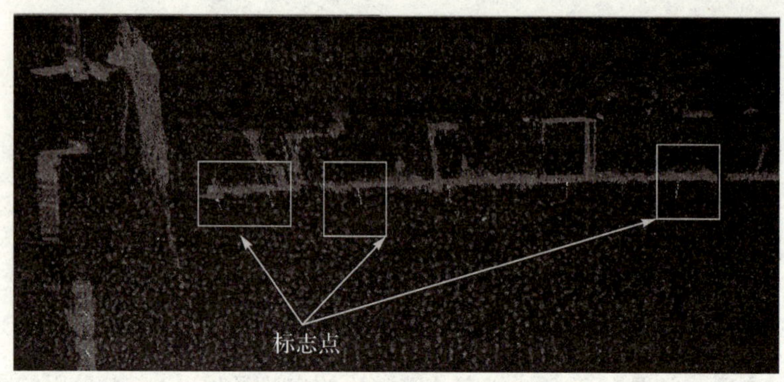

图 3-18　顶视图模式下点云中的特征点

为保证测量精度，要求实验场地的墙面与扫描仪中心的距离大于 40 m，墙面有防盗网的话可以把防盗网当成特征点，也可以在防盗网上等高的地方贴上全站仪反光纸，用全站仪测量其坐标。将车载激光测量系统停放在实验场内，利用特制的滚轴丝杠升降台使启动的激光扫描仪由下而上、由上而下地采集标志点的点云信息。室内将观测到的标志点坐标换算成相应的角度信息和对应的激光扫描仪测得的角度值(在 DY-1 点云工作站中测量出特征点的激光观测角度值)组成原始数据，输入程序中解算出相应的模型参数。具体实验方案设计如下。

(1)建立检校场，主要是设计标志点的位置，保证标志点位于激光扫描仪上下移动扫描的范围内。

(2)开启事先设定好的激光扫描仪进行 360°上下扫描。设定好扫描参数(点频率 100 kHZ，电机转速 3 000 r/min，电流频率 100 Hz)后先启动电机，再启动扫描仪，结束时先关闭扫描仪，再关闭电机。扫描前后用全站仪测出激光扫描仪中心的坐标。

(3)用 RA-360 自带的数据处理软件 LDPP 对扫描数据进行预处理，再按照平台升降速度将点云数据展开(见图 3-17)。

(4)通过 DY-1 的量测功能量取点云标志点处激光扫描仪的角度值，并保存下来。

(5)用全站仪精确测出各标志点的坐标。用标志点和扫描头的坐标值计算扫描头到各标志点的坐标方位角，并统一到激光扫描仪坐标系下。根据式(3-11)计算改正系数，得到改正后的高精度测角值。

实施过程中，要求 360°扫描范围内不少于 50 个点，点与点之间的误差应该是连续的，而不是跳跃的。如果有跳跃，一定是测量有误，这时可以前后移动车载平台1.5 m，重复两次测量，比较误差曲线来验证。误差曲线如果一样，说明可靠。如果地形条件允许,可以调转车头测量,如果这样仍然扫描不到原来的标志点,那就只能采取移动车位的方法复测。

表 3-4、表 3-5 是该方案采集到的三组数据的计算结果。

表 3-4　角度改正前最大误差及中误差

组别	点个数	改正前最大误差绝对值/(°)	改正前中误差/(°)
1	57	2.217 0	±0.890 3
2	59	2.228 5	±0.932 3
3	55	2.223 6	±0.921 5

表 3-5　参数计算结果及精度

组别	点个数	k_0	k_1	k_2	改正后中误差/(°)
1	57	0.012 4	0.012 9	4.860 9	±0.016 6
2	59	0.012 5	0.012 9	4.860 1	±0.018 6
3	55	0.012 5	0.012 8	4.860 5	±0.018 1

从表 3-5 中可以看出,3 组数据的 k 值计算结果非常接近,说明模型具有一定的可靠性,可将 3 组数据的平均值作为最终结果值用于实际角度测量值的误差改正模型中。图 3-19 至图 3-21 分别是 3 组数据改正前后的误差分布图,3 组数据获取的时间和位置不同,其中第三组与前两组数据相比,车头调转了 180°,从残差曲线可以看出,3 组数据的残差曲线基本一致,都是一个类似正弦曲线的形状。误差分布图展示了激光扫描仪角度和全站仪测得的坐标反算的角度之差的分布与用模型对误差进行拟合的结果分布的对比,可以看出有一部分角度持续没有数据,那是因为在检校场范围内有一棵树遮挡了部分检校墙面。

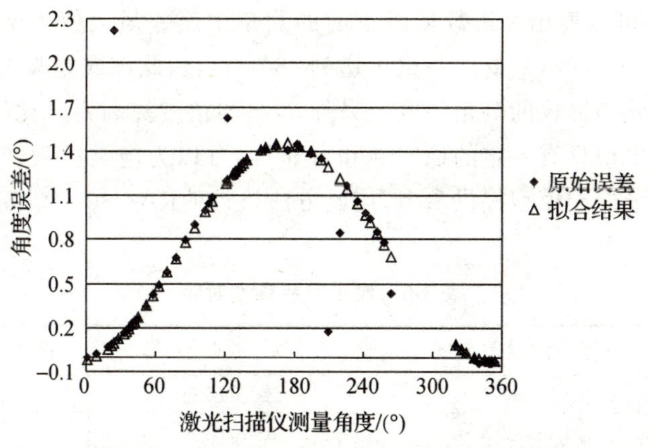

图 3-19　第一组数据的误差分布及拟合结果

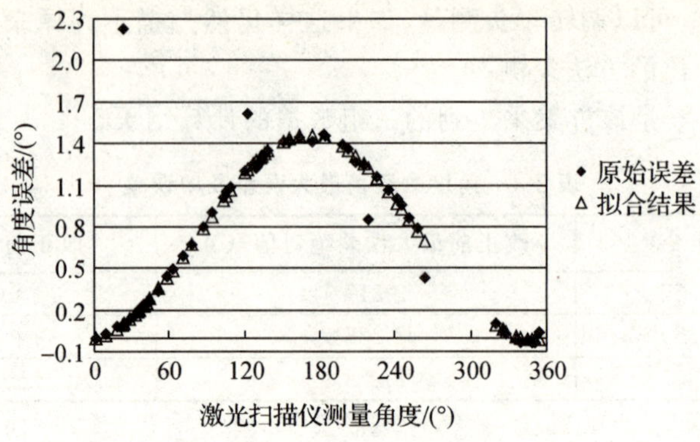

图 3-20 第二组数据的误差分布及拟合结果

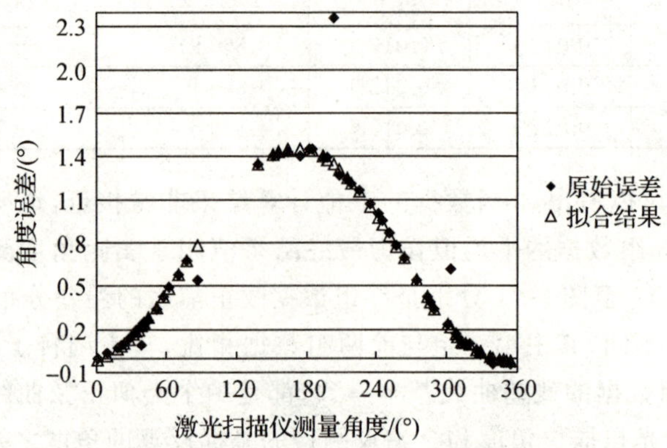

图 3-21 第三组数据的误差分布及拟合结果

可以看出，基于全站仪的实验室检校法改正后的角度最大中误差在±0.018°左右，由表 3-6 可以看出 3 组数据改正前的测角中误差最大值为±0.932 3°，中误差提高比高达 98.14％，最低的一组也达到 98.00％，因此该误差改正模型可以大大提高该类型激光扫描仪的测角精度。另外，3 组的精度提高百分比比较接近，也说明此误差改正模型具有一定的稳定性和可靠性，可以为同类型激光扫描仪及类似设备的角度测量误差模型提供参考，用此方法检校的RA-360 Ⅰ型激光扫描仪的测角误差见文献[106]。

表 3-6 改正前后精度对照

组别	改正前中误差/(°)	改正后中误差/(°)	提高百分比/(％)
1	±0.890 3	±0.016 6	98.14
2	±0.932 3	±0.018 6	98.00
3	±0.921 5	±0.018 1	98.04

2. 基于数控转台的实验室检校法

如图 3-22 所示，该数控转台是精确调平的，其水平测角精度优于 3.6″。

将数控转台精确调平后，将设计好的竖直工位激光扫描仪安装到平台上，这时激光体是垂直于数控转台的。借助数控转台数显可以人为地让转台水平旋转任意角度，即便由于加工误差使得激光的旋转轴中心与平台的水平旋转轴中心不重合(见图 3-23)，激光扫描仪也会水平旋转同样大小的一个角度($\delta=\delta'$)，那么对于空间内任意一个固定的目标点，它在激光数据里面对应的角度也会变化同样大小的角度。由于激光扫描仪测角误差的存在，这个目标点在激光扫描仪数据中的角度改变值会不等于转台转动的角度。

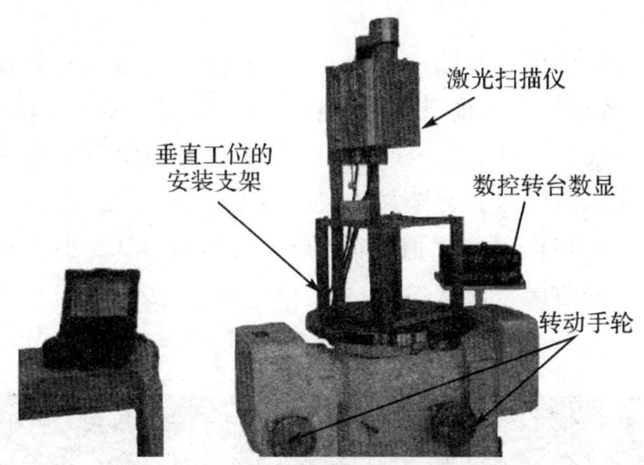

图 3-22　数控转台法角度检校

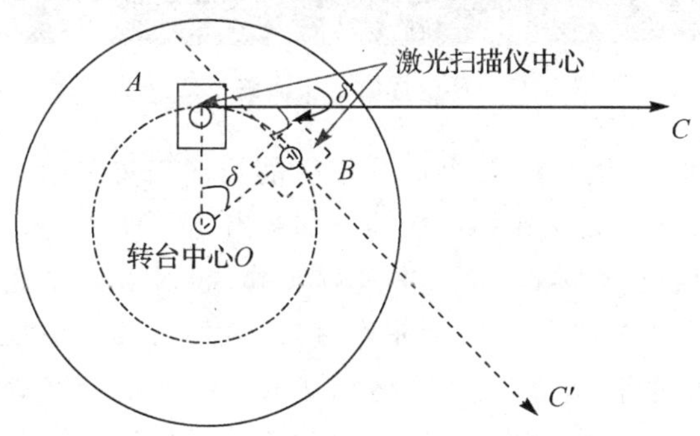

图 3-23　激光中心与转台中心不重合

实验方案总结如下。

(1)在激光扫描仪扫描范围内，人为地布设典型标志点，以竖直杆子最好。

(2)给数控转台通电，并把起始位置的角度设为 0°附近的值。

(3)开启激光描仪进行观测，观测 3 min 左右时，手摇水平转台手轮，让转台水平顺时针转动 5°左右，静止转台再扫描 3 min 左右。依次顺时针转动 5°左右后静止转台扫描，直到转完整周。记下每次转台的数显角度值，这些值将用于数据处理时角度之间的换算。

点云解算出来的顶视图如图 3-24 所示。

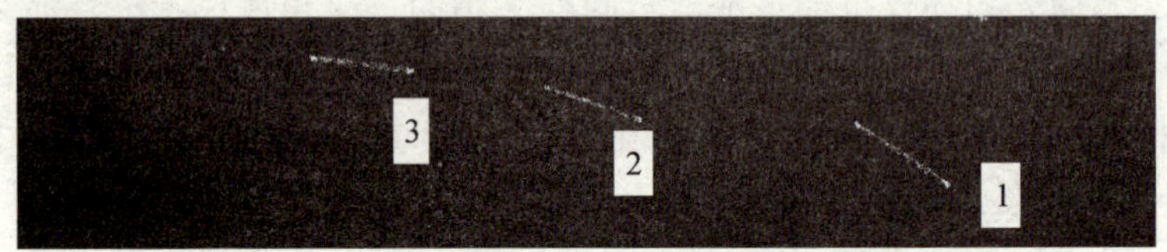

图 3-24 点云中的标志点

图中的 3 条线分别代表观测的 3 个点，由于激光扫描仪是先在一个位置观测这 3 个目标点，又转动一个角度继续观测这 3 个目标点，所以解算出来的每一个目标点形成了一条线段。不难想象，线段的两个端点处的角度值即为转台静止时目标点对应的激光观测角度值。每个端点处对应转台的角度值已经记录下来，然后利用激光观测角度值和转台角度值之间的差异，借助 3.3.2 小节建立的检校模型就可以算出激光的测角误差模型参数。

把单个点的点云信息计算后存储为一个文件，图 3-25 为部分段的放大图像。

图 3-25 单个标志点多次测量的点云

这样 360°范围内观测到的一个杆状目标的角度信息就可以在存储一个数据文件里面，借助 DY-1 点云工作站一次性全部量出，简便快捷还不容易出错。

以不同的转台起点为零点，做 3 次观测实验，数据结果如表 3-7、表 3-8 所示，可以看出，3 组数据的 k 值计算结果非常接近，说明该检校方案具有一定的可靠性，可将 3 组数据的平均值作为最终结果值，用于实际角度测量值的修正。图 3-26、图 3-27 和图 3-28 分别是 3 组数据改正前后的误差分布图，3 组数据获取的时间和位置不同，从误差分布图可以看出，3 组数据的误差分布图基本一致，都是一个类似正弦的形状，与推导出的检校模型不谋而合。误差分布图展示了激光扫描仪角度和数控转台测得的角度之差的分布，以及用模型对误差进行拟合的结果分布。

表 3-7　数控转台法角度改正前误差及中误差

组别	点个数	最大残差绝对值/(°)	改正前的中误差/(°)
1	62	1.380 7	±0.817 9
2	57	1.404 0	±0.792 2
3	59	1.388 1	±0.840 3

表 3-8　数控转台法参数计算结果及精度

组别	点个数	k_0	k_1	k_2	改正后的中误差/(°)
1	62	0.011 8	0.012 6	4.910 7	±0.008 9
2	35	0.012 3	0.012 5	4.931 5	±0.012 3
3	59	0.012 0	0.012 7	4.927 0	±0.010 3

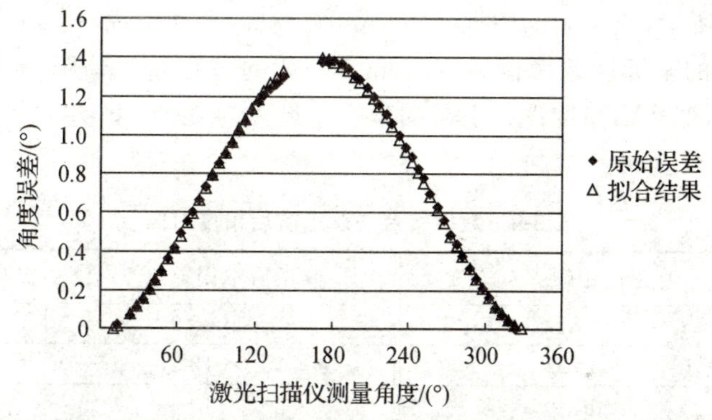

图 3-26　第一组数据的误差分布及拟合结果

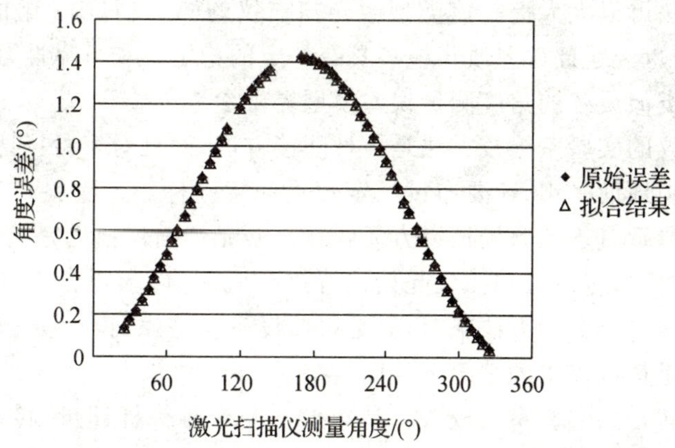

图 3-27　第二组数据的误差分布及拟合结果

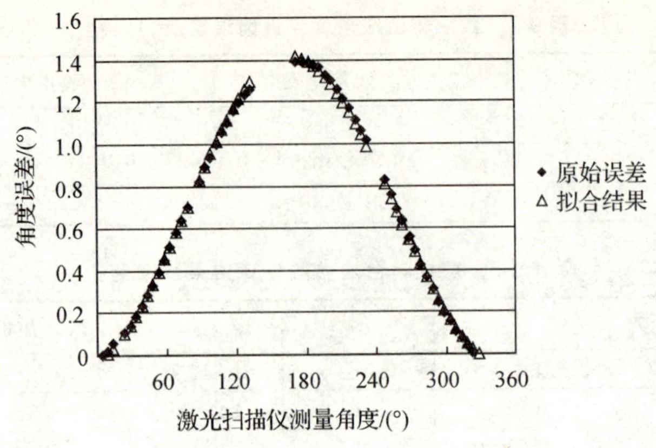

图 3-28 第三组数据的误差分布及拟合结果

如表 3-9 所示，改正后的中误差在±0.01°左右，也就是说，在 200 m 远的地方，测角误差引起的坐标误差大概为 0.03 m。一般的城市建筑物距离激光中心的距离也就 100 m，那么由角度误差引起的坐标差最大为 0.015 m 左右，这完全满足精密工程测量的需求。

表 3-9 数控转台法改正前后精度对照

组别	改正前中误差/(°)	改正后中误差/(°)	提高百分比/(%)
1	±0.817 9	±0.008 9	98.91
2	±0.792 2	±0.012 3	98.45
3	±0.840 3	±0.010 3	98.77

数控转台法角度误差改正之后，360°激光扫描仪的测角精度提高达 98.91%，该误差检校方法可以大大提高该类型激光扫描仪的测角精度，3 组的精度提高百分比比较接近，也说明此误差改正模型具有一定的稳定性和可靠性，可以为同类型激光扫描仪及类似设备的角度测量误差模型提供参考。

基于全站仪的实验室检校方法是一种间接方法，而且对实验场地的要求较高，即要求实验场地地面平坦，还要布设一定数量的特殊标志。实验时车载平台尤其是激光体要尽量垂直于实验场地以方便解算。激光扫描仪扫描完成后需要按照精度需要，对所有标志点以及扫描仪起始位置进行观测，以求得各个点的精确坐标，进而得到角度信息。此种方法耗时，但是仪器设备容易找到，而且比较经济。检校的效果在能满足精度需求的情况下可以选择。

基于数控转台的实验室检校法仅需布设一两个目标杆即可，转台和仪器设备的置平简单易行，单次检校数据采集过程大概耗时 1 h 左右，效率高，精度至少提高 98.45%，检校效果明显。不过，实验设备数控转台目前价格昂贵。

以上两种方案的实质区别是，前者属于间接方法，借助空间三维坐标解算夹角进而把全站仪测得的角度转到激光测角坐标系下进行角度检校；后者属于直接方法，借助高精度的测角装置，设置二者刚性同轴或者转轴平行，即可用高精度的测角装置输出的角度来对激光角度信息进行检校。在条件允许的情况下，这两种方案都是非常不错的选择，但为了达到较高的精度，应优先选择数控转台法。

§3.4　激光扫描仪测距误差检校

3.4.1　激光测距误差来源

由激光扫描仪获取三维坐标的原理可知，测距误差是造成三维坐标误差的另一个重要因素。工程用激光扫描仪大都采用脉冲法测距，RA-360 系列激光扫描仪采用的也是脉冲法测距。由第 2 章给出的脉冲法激光测距原理可知，待测距离 L 的计算公式为

$$L=\frac{ct}{2} \tag{3-12}$$

式中：c 为光速，t 为激光从激光器到被测目标之间的往返时间。

由此可得到脉冲测距的误差公式为

$$\delta L=\frac{t}{2}\delta_c+\frac{c}{2}\delta_t \tag{3-13}$$

光速 c 的精度 δ_c 取决于大气折射率 n 的测定，由 n 值测量误差带来的距离误差为 10^{-6} m[107]。所以对于短距离（1～20 km）脉冲激光测距仪来说，测距精度主要取决于时间 t 的测量精度。换言之，对于这类激光扫描仪而言，时间误差 Δt 是距离测量的主要误差来源，只有当距离较远时，大气对光速的影响才应该考虑。

1. 时间延迟及时标脉冲带来的距离误差

由于测量时间的计时装置在激光内部，在外部不可能通过精确测量时间来对距离信息进行修正，只能根据测量时间的原理，分析出时间误差对距离测量影响的分布情况，进而建立相应的模型来进行距离检校。

为了便于分析激光测距的误差来源，首先应全面理解脉冲激光测距的控制原理。脉冲激光扫描仪测距的内部控制原理如图 3-29 所示。

激光脉冲扫描仪内部主要由脉冲激光发射系统、光电接收系统、门控电路、时钟脉冲振荡器以及计数显示电路组成。其工作过程是：首先开启复位开关，复原电路给出复原信号，使整机复原，准备进行测量；同时触发脉冲激光发射器产生激光脉冲。该激光脉冲有一小部分能量由参考信号取样器直接送到接收系统，作为计时的起始点。大部分光脉冲能量射向待测目标，由目标反射回测距仪的光脉冲能量被接收系统接收，形成回波信号。参考信号和回波信号先后由光电探测器转换成电

脉冲,并加以放大和整形。整形后的参考信号能使触发器翻转,控制计数器开始对晶体振荡器发出的时钟脉冲计数。整形后的回波信号使触发器的输出翻转无效,从而使计数器停止工作。这样,根据计数器的输出结果就可以计算出目标的距离 L。

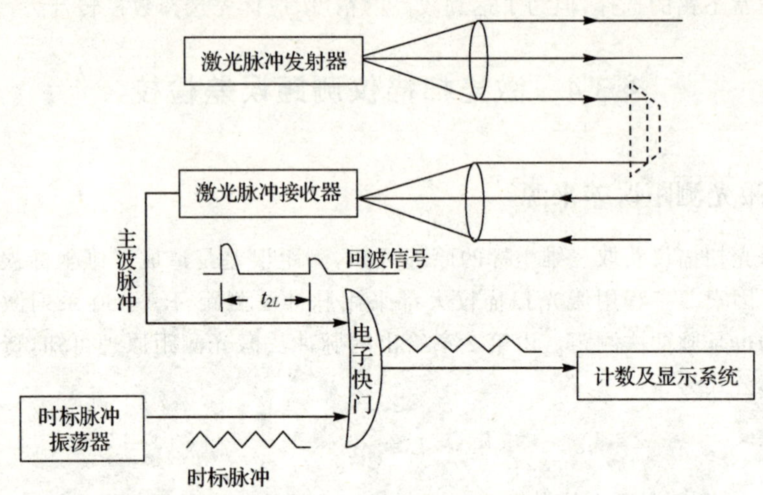

图 3-29 脉冲法激光测距内部控制原理

$$L=c\left(\frac{N}{2f_0}+\Delta T\right) \tag{3-14}$$

式中:N 为计数器输出的脉冲个数,f_0 为计数脉冲的频率,ΔT 为时间延迟误差。

参考信号送到接收系统后,在时标脉冲的第一个高电平波时开始计时,这里有一个时间差 T_a,如图 3-30 所示,当回波信号被系统接收时,也同样等待第一个高电平到来时结束,这时的时间误差为 $T-t_b$。

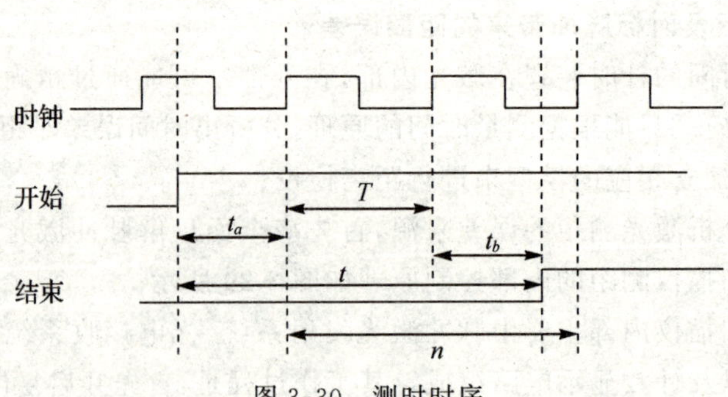

图 3-30 测时时序

所导致的误差 $\Delta T=t_m-t=nT-t=T-t_a-t_b$,最大误差为一个脉冲周期 T,其中 t_m 为测量时间,t 为实际时间,等于$(n-1)T+t_a+t_b$,n 为计数结果。由于计数开始时将 t_a 丢弃,计为 0,结束时无论 t_b 为何值,都当作 1 个脉冲周期,因此带来了相应的时间误差。所以，只要解决在开始和结束两个周期内的计时问题，就可以大幅度提高测量精度。为此，有些学者提出并行计数法来提高计数准确度[108]，利用 CPLD 芯片中的高速缓冲器产生 N 路相位均匀分布且频率相同的时钟脉冲，由此将计数误差缩减到 T/N。尽管激光专家用尽各种方法来提高测量时间延迟的方法，但是限于当前的芯片技术水平，时间误差仍然无法做到消除。由于激光频率很高，时间误差可认为是一个固定的常数偏差，类似于全站仪的加常数因子。

由式(3-14)可知，最终的时间信息是通过时标脉冲的个数间接计算得到的，如果时标脉冲的频率测量有误差，必然会给测距带来一个随距离变化的误差，这些项的系数就类似于全站仪的乘常数因子。

2. 回波强度对测量精度的影响

脉冲激光测距的探测对象多为非合作目标，其表面形状、材质与光反射率存在一定的差异，考虑到激光脉冲在空气传输过程中的衰减和畸变，导致接收到的脉冲与发射脉冲在幅度和形状上都有很大的不同，给正确确定脉冲起止时刻带来了困难，由此引起的测量误差称之为漂移误差(walk error)[109,110]。经常用阈值门方法来固定一个阈值，由于目标回波幅度的变化和脉冲波形前后沿的影响，对应通过阈值点的时刻变化很大，即到达时间随脉冲宽度而变化(见图 3-31)，从而带来脉冲激光测距误差[111]。

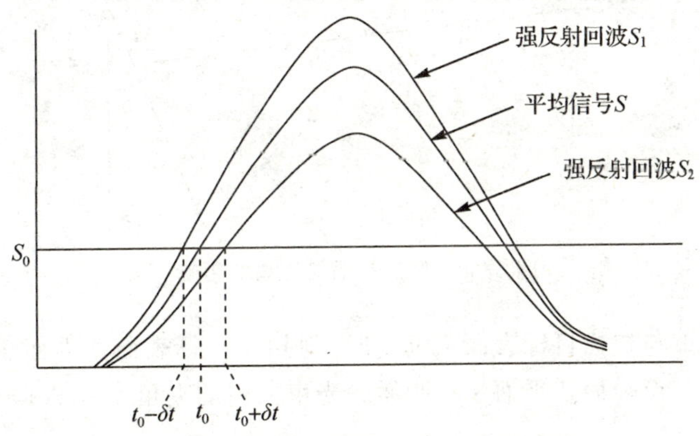

图 3-31　反射强度对时间计数器的影响

由于不同地物的反射强度不同，强反射地物的反射振幅会较强，如 S_1 曲线，所以会较早达到阈值 S_0，使计数器提前计数。反之，若反射波强度弱(S_2 曲线)，会较晚地使计数器开始计时。阈值只能根据强度值选择一个合适的值，但是不可能照顾到所有的强度，使得相同距离上激光扫描仪对不同反射地物的测量距离不同。激光扫描仪生产厂商把这个强度值量化输出，但是具体的量化过程对用户而言秘不可知，所以只能通过大量的实验不断地总结规律，以期将这项误差消除掉。

3. 激光的不垂直扫描

激光扫描仪在作业时不能保证激光束总是垂直于物体扫描，这样激光与待测目标的表面存在夹角，这也会影响测距精度，这就是不垂直扫描带来的误差。

激光扫描测距系统中激光测距单元由激光发射头和激光接收器两部分组成[112,113]，激光发射和接收窗口的孔径有一定的大小(一般小于 2 cm)，这个大小决定了激光光束的起始直径大小[114]。如图 3-32 所示，激光发射和接收共用一条光路，激光光束具有一定的发散角，因此激光扫描到目标物体表面形成的激光脚点光斑具有一定的大小。设激光脚点光斑的直径为 d，则

$$d=D+2S_1\sin\frac{\gamma}{2} \tag{3-15}$$

式中：D 为激光发射孔径，S_1 为激光测得的距离，γ 为激光光束发散角。

由于 D、γ 很小，式(3-15)可简化为

$$d=0+2S_1\times\frac{\gamma}{2}=S_1\gamma \tag{3-16}$$

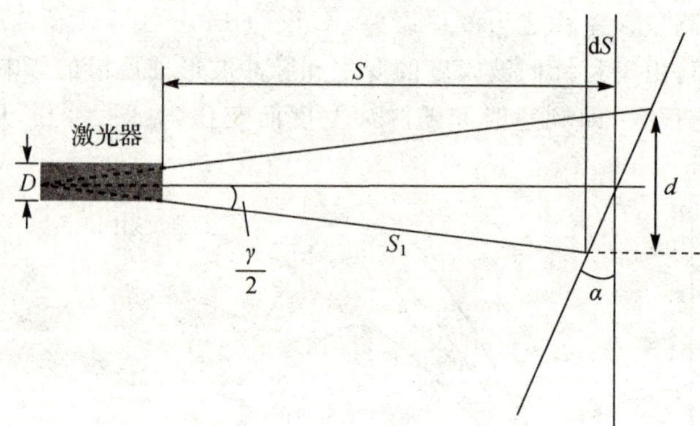

图 3-32 倾斜扫描对距离的影响

当激光光束与扫描目标表面不垂直时，则扫描目标表面切平面法线与激光光束方向不重合。设表面切平面法线与激光光束方向的夹角为 α，根据图 3-32，存在如下几何关系：

$$\mathrm{d}S=\frac{d}{2}\tan\alpha \tag{3-17}$$

$$S=S_1\cos\frac{\gamma}{2}+\mathrm{d}S$$

因为发散角 γ 很小，则 $\cos\frac{\gamma}{2}=1$，得到

$$S=S_1+\mathrm{d}S$$

由图3-32可知，激光不垂直扫描引起的距离误差为

$$\Delta S = S - S_1 = \mathrm{d}S \tag{3-18}$$

则将式(3-16)、式(3-17)代入式(3-18)得到

$$\Delta S = \frac{1}{2} S_1 \gamma \tan\alpha \tag{3-19}$$

由式(3-19)可以看出，当倾斜角 α 一定时，激光测距越远，测距误差越大。一般激光扫描仪距离建筑物最近的距离在10 m左右，以仪器指标的最远测程200 m计，此时 $\tan\alpha = \frac{10}{\sqrt{200^2 - 10^2}} \approx 0.05$。另外，激光扫描仪RA-360的发散角 γ 为0.3 mrad，所以在激光测距为200 m时，不垂直扫描带来的误差为

$$\Delta S = \frac{1}{2} \times 200 \times (0.3 \times 10^{-3}) \times 0.05 = 1.5 \times 10^{-3}(\mathrm{m})$$

对于RA-360系列激光来说，不垂直入射带来的距离误差在1.5 mm左右，完全可以忽略不计。

4. 外界环境条件引起的误差

外界环境条件主要为温度、气压等的变化。温度的变化、扫描时风的作用、激光在空气中传播的折射效应等，都会对精密仪器产生细微的影响。恶劣的外界环境也会使三维激光扫描仪产生较大的测量误差。故应选择空气质量良好的天气作业，并保持与被测物体适当的距离，这样可减少大气对激光传输的影响，控制外部环境引起的随机误差。

经过对大量实验数据的分析和比较得出，受多种因素的综合影响，实测距离与实际距离间的关系并非简单线性关系，因此有必要构建一个能够准确表达二者关系的数学模型，实现激光扫描仪的高精度距离标定。这个数学模型的系数设定与精确测量距离的参数一致，标定出距离测量参数，也就求取出距离改正数学模型的参数了。

3.4.2　激光测距误差模型的建立与检校方案的设计

1. 激光测距误差模型的建立

综合分析激光扫描仪距离测量的影响因素后，将激光扫描仪测距模型设立为

$$L = a_0 + a_1 l + a_2 l^2 + d_i \tag{3-20}$$

式中：L 是用拓普康GTS-720全站仪测得的高精度距离信息，l 是激光扫描仪测得的距离，a_i $(i=0,1,2)$ 是测距加常数和乘常数因子，d_i 是反射强度带来的激光反射强度的改正值。

由于激光厂家给出的反射强度值是经过一定的方式数字化后的值，具体的数字化过程并未公开，因此反射强度对距离的影响需要做大量的实验反复探索，才能知道反射强度对距离的影响是否与距离有关，或有什么规律可循。有一点非常明

确的是，除去加常数和乘常数带来的距离误差，距离值与真实值的差异便是地物回波强度对距离的影响带来的距离误差。

2. 距离标定的实验原理与方案设计

本书设计了相关的实验，实验设备及其坐标系如图 3-33 所示，实验证明了反射强度对距离的影响不随距离远近而改变，从而能顺利地解算出距离检校模型的各个参数。

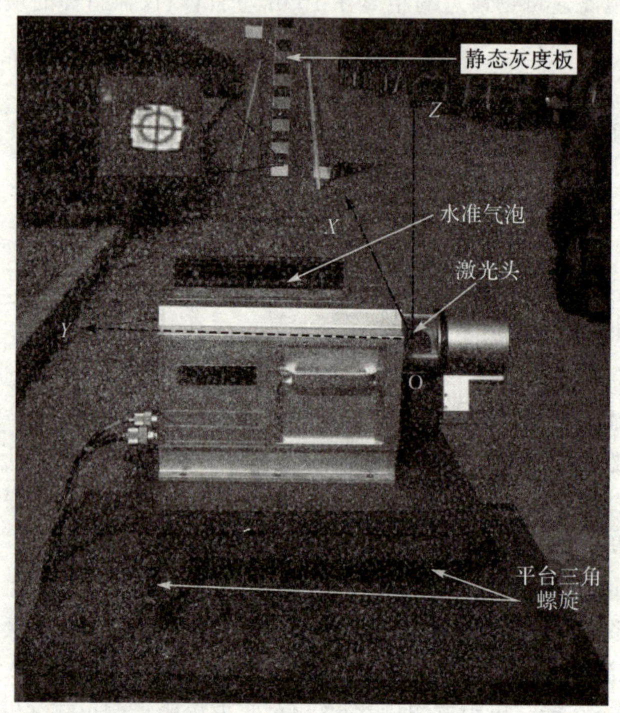

图 3-33 实验设备及其坐标系

RA-360 激光扫描仪的反射强度范围是 0～2047，设立不同的实验方案来探索影响反射强度对距离的影响规律，然后求取加常数和乘常数因子，从而可精确地对激光扫描仪的距离测量进行标定。

激光扫描仪的测距检校用到的标靶分面状和线状两种。本书设计的面状灰度板标靶尺寸为 1 m×0.8 m，将激光扫描仪安置在竖直工位，借助滚轴丝杠升降平台上下移动，获取标靶的信息，就可以研究距离相同时不同强度信息给距离带来的误差分布。设计不同的距离，分别研究各个距离下反射强度对距离的影响。

激光静态扫描时，激光器开启但是激光体静止不动，那么激光扫描仪扫出来的是一条线。此时，在远处设立灰度标靶并借助重锤使标靶竖直，借助装有三角螺旋的平台和水准气泡将激光体调平，便于用全站仪精确测出激光扫描仪中心与灰度板之间的距离。100 m 以外 2 m 高的灰度板上各处到激光器的距离最大相差 5 mm,此时可以认为板上任意点到激光器的距离相等。用全站仪精确测量出激光扫描仪中心与灰度板的距离,然后查看点云中灰度板的距离信息来获取不同灰度在相同距离上对距离的影响。

静态扫描减少了震动带来的距离微小变化,所以本书以静态扫描为例,详细地介绍脉冲型激光测距的标定原理,静态的标定结果同样可以适用于同一台激光扫描仪的动态测距误差改正。

通过初步建立的模型公式(3-20)可以看出,如果距离 l 相同,激光测距的加常数和乘常数带来的测距误差通过标靶上任意两点的 L 距离差就可以消除掉,剩余的差别来自于反射强度对距离的影响差异。

本书在 RA-360 激光测程范围内每隔 1 m 采集一次数据,然后编写程序,根据需求对数据进行处理分析。实验过程中通过观察实验数据,可以深深地体会到反射强度对距离的影响(可以看到贴有不同反射强度纸张的平板随着灰度变化凸凹不平,贴有强反射片的位置凸出尤为明显)。借助点云查看软件 DY-1 查看采集到的标靶灰度板的信息(见图 3-34)。数据显示,强反射片使灰度板向激光扫描仪中心方向凸出,从而导致灰度板上的距离比大部分激光点的距离信息相差高达 40 cm,所以反射强度对距离的影响必须加以校正,否则测量误差会很大。

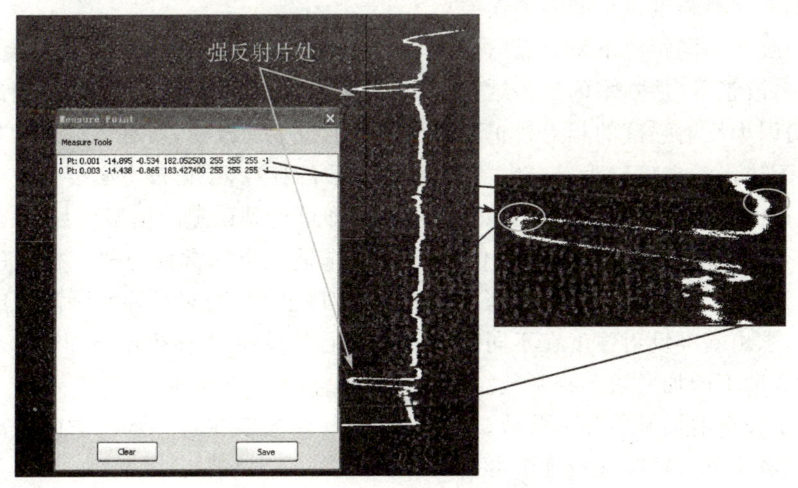

图 3-34　线状灰度板在点云中的图像

反射强度对距离的影响实验过程如下。

(1)将特制标靶放在一定距离处,借助重锤竖直放置。

(2)将激光扫描仪放置在事先准备的三角螺旋平台上,利用三角螺旋和水准气泡调平仪器。

(3)用全站仪测出激光扫描仪中心与标靶间的水平距离。

(4)开启激光扫描仪对准标靶面进行数据采集,注意采集过程中尽量避免遮挡物挡在标靶正前方,尤其是距离标靶特别近的地方一定要保证没有遮挡,这样可便于将标靶点云信息从整个数据中分离出来,消除因为遮挡带来的粗差距离信息。

3.4.3 激光测距误差检校实验数据分析

1. 检校的数据处理思路

RA-360 系列激光的反射强度范围是 0～2047。通过大量的实验,总结出常见地物在该系列激光中的反射强度 80%分布在 200～1000 范围内。所以研究反射强度对激光测距影响时,选定常见的地物反射强度作为基准,然后探索所有反射强度相对于基准反射强度对测距的影响规律。在此基准上求解出加常数和乘常数,完成激光测距的绝对检校。为了获取更多的反射强度信息,实验中在灰度板上贴了两个强反射片。

总体的数据处理思路如下。

(1)首先统计在同一距离上各个反射强度的距离值。

(2)选择其中常见的一个反射强度作为基准强度,将所有反射强度值与基准反射强度处的距离作差,这样就消除了加常数和乘常数对激光扫描仪测距误差的影响,只剩下反射强度带来的距离误差。

(3)统计不同距离下所有反射强度与基准反射强度的距离差,得到稳定的反射强度相对改正量(从本书的实验结果可知,该相对改正量不随距离的改变而改变)。

(4)因为反射强度的相对改正量不随距离的改变而改变,所有可以认为基准反射强度下改正量也可以为一个常数,因为加常数的存在,使得没有必要一定要知道这个改正值的具体量,只要求出稳定的加常数即可得到稳定的模型参数,且可认为该基准下的强度对距离的改正为 0(即把它看作是一个加常数与整个模型的加常数合二为一)。借助不同距离下基准反射强度对应的激光测距和实际高精度全站仪距离,求出基准反射强度在不同距离下的测距误差,带入检校模型即可求出该基准反射强度下的加常数和乘常数。

有了稳定的加常数和乘常数,再加上各个反射强度在这一基准下的距离改正值,就完成了整个距离检校模型参数的解算。

2. 数据处理与精度评定

激光扫描仪的原始数据信息包括角度信息、距离信息、反射强度信息、时间信息等。数据处理时首先将原始数据中的标靶点云单独提取出来,提取标靶点云的数据处理流程如图 3-35 所示。

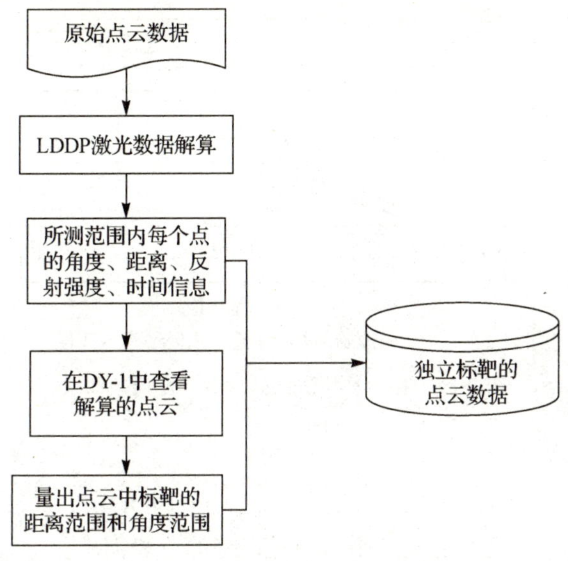

图 3-35　提取独立标靶的流程

得到只有标靶信息的原始点云数据，排除错误点云对距离分析的干扰。

实验数据选取了不同时间、相同反射强度、不同距离的 8 组原始数据用于分析，首先统计了基于某一反射强度下 8 组不同数据的所有反射强度对应的距离改正值。

根据图 3-36（见封三）中数据可以明显地看出，在 1024 附近有 50 个反射强度没有信息，这是由于生产厂商的技术水平有限导致的，但是由于大部分地物的反射强度都集中在 200～1000 的范围内，所以不影响该类激光的实际使用。值得注意的是，该组曲线的高强反射信息（1000～2048）都是由于在灰度板上贴了反射片形成的。另外，随着距离的变大，同样的标靶反射强度变弱（73 m 紫色曲线明显比 200 m 蓝色曲线长），但是反射强度对距离测量值的影响曲线没有发生改变，证明反射强度对距离的影响规律与距离远近是不相关的。在 100～200 m 范围内，反射强度对距离的影响规律曲线几乎重合，这为消除反射强度带来的距离误差创造了必要条件。

但是为了得到根据误差分布曲线计算出各个反射强度相对于基准反射强度的改正值，如果知道基准反射强度下的改正数，其他各个反射强度的改正数便可以根据反射强度对测量距离影响的误差曲线求得。

实际测量时，不可能同时得到每个反射强度下的值，但是可以看出曲线有较强的规律性，可以根据现有的反射强度内插出未知反射强度处的距离改正数。采用的方法是预测常用的移动平均法。经过给定合理步长得到平滑的拟合误差曲线如图 3-37 所示。

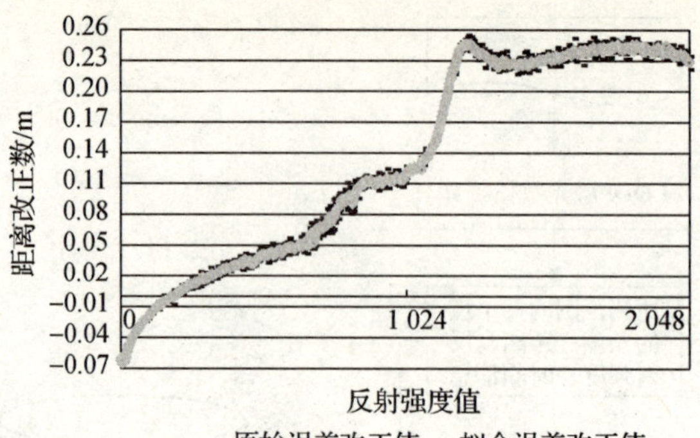

图 3-37 移动平均法内插反射强度误差曲线

拟合的精度为

$$m_{dd}=\pm\sqrt{[vv]/(n-1)}=\pm 6.8\ \text{mm}$$

精度优于 7 mm,完全能满足距离测量误差的一般需求。

统计该反射强度在不同距离下测得的距离与用全站仪测量的距离如表 3-10 所示。

表 3-10 不同距离下激光测距和全站仪测距

组号	激光测距/m	全站仪测距/m
1	45.54	43.94
2	50.86	49.26
3	56.34	54.74
4	61.32	59.74
5	66.85	65.25
6	74.12	72.49
7	95.04	93.42
8	101.22	99.59
9	113.94	112.30
10	122.62	120.99
11	135.20	133.57
12	143.31	141.68
13	154.48	152.85
14	161.34	159.70
15	166.38	164.74
16	178.53	176.90
17	191.24	189.59
18	201.54	199.89

将以上数据用于式(3-20)中,此时假定基准反射强度下反射强度对距离的影响改正数为 0,根据最小二乘间接平差原理,求取距离改正参数的流程如图 3-38 所示。

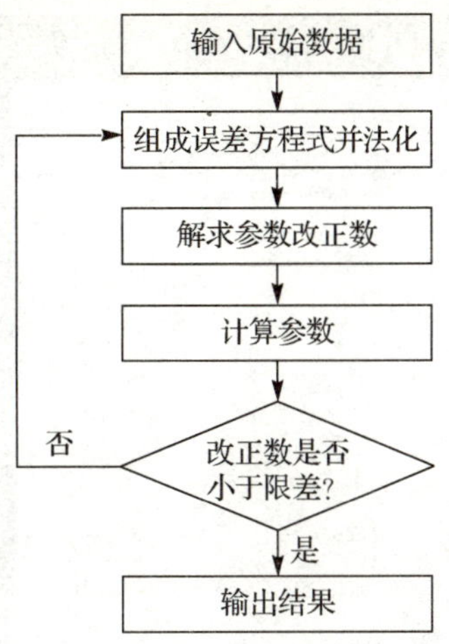

图 3-38　距离标定参数计算流程

参数的计算结果如下：

$$a_0=-1.7965$$

$$a_1=1.0614$$

$$a_2=-0.0002$$

根据反射强度对距离的影响规律曲线，可以得到基于该反射强度的各个反射强度对应的距离误差改正值。

用该结果修正的标靶对比如图 3-39、图 3-40 所示。

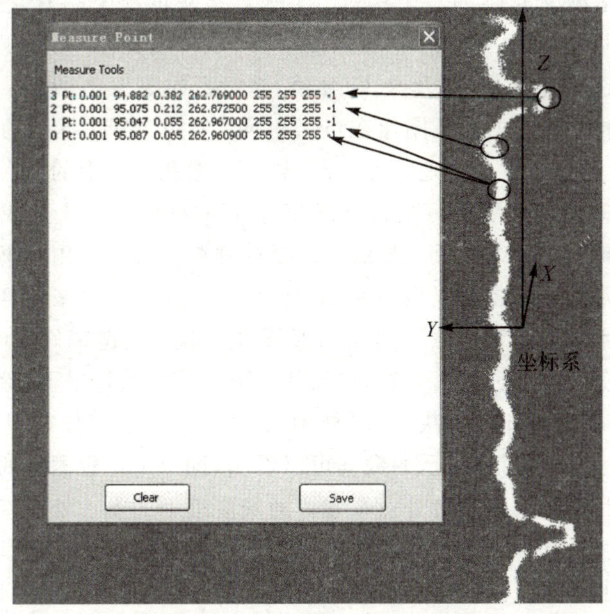

图 3-39　改正前的灰度板点云

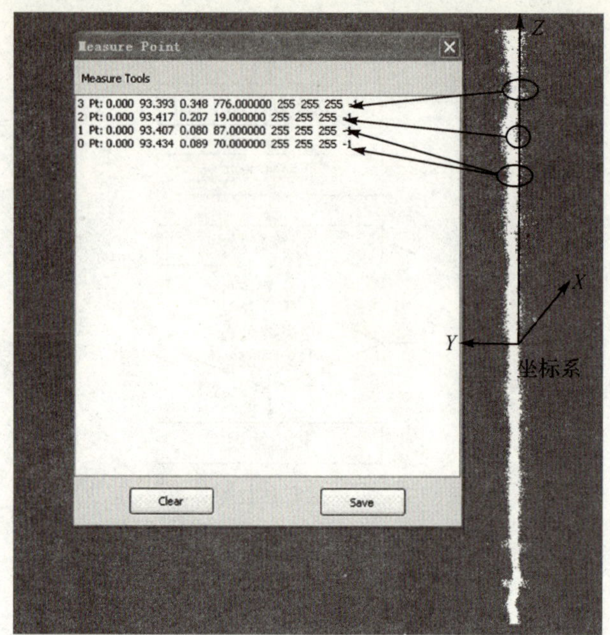

图 3-40 改正后的灰度板点云

图 3-39 中选了 4 个点，0 号点和 1 号点是灰度板上同一位置的点云厚度上的两个点，可以得到激光测得的灰度板上各点到激光器之间距离的差异为 4.0 cm，也可以大致看作是激光测距的一个精度。2 号点是灰度板上贴有灰度纸上的任意点，3 号点是灰度板上贴有反射片的强反射点，软件窗口里显示的是点的具体信息，分别是 X、Y、Z 坐标值，以及 R、G、B 值，坐标系如图 3-40 所示。可明显看出贴有不同灰度纸和反光片的平板图像在点云里面发生了变形，不同的灰度纸使得灰度板凹凸不平，贴有反射片的地方尤为凸出，比一般灰度纸上的点在距离上相差接近 20 cm，所以非常有必要进行距离改正，而且在同样的距离上造成这种差异的主要原因就是不同的灰度纸和反光片的不同反射强度造成的。用本书设计的实验和方案求得的加常数、乘常数以及反射强度对距离的影响差来对距离进行标定，图 3-40显示了用求取参数方法对图 3-39 所示灰度板进行距离修正的结果。

从整个灰度板的点云外形来看，点云的变形几乎被改过来了(除了个别地方的毛刺，这些还需要通过滤波解决)。同样地，在 DY-1 点云工作站里面量取相近位置的 4 个点，通过软件窗口显示的数据可以看出，同一个位置测得的点 0 和点 1 的差值缩减到了 2.4 cm，强反射片处点 3 和普通灰度纸上的点 2 处两者的距离差异缩减到2.7 cm，灰度板点云的变形得到了很大的改善，精度也有了一定程度的提高。

对 95 m(见图 3-39、图 3-40)、60 m(见图 3-41)和 50 m(见图 3-42)三个不同距离的灰度板进行距离改正后的精度评定，得到激光测距的精度为

$$m_{95}=\pm\sqrt{[vv]/(n-1)}=\pm 1.1\ \text{cm}$$

$$m_{60}=\pm\sqrt{[vv]/(n-1)}=\pm 1.4\ \text{cm}$$

$$m_{50}=\pm\sqrt{[vv]/(n-1)}=\pm 1.3\ \text{cm}$$

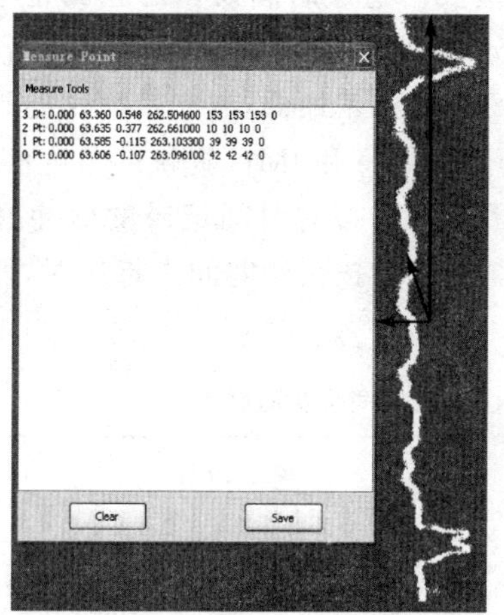

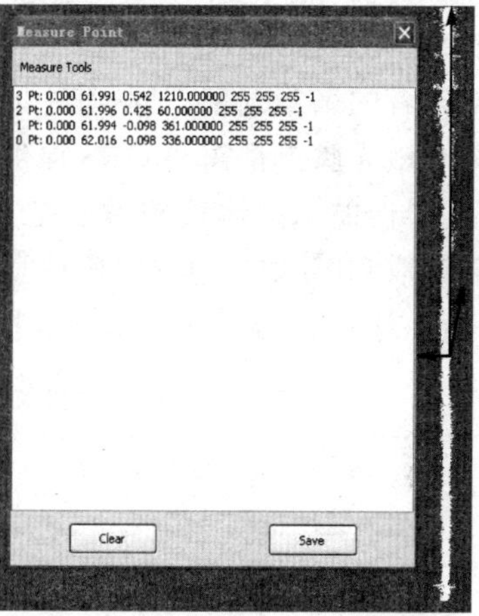

图 3-41　60 m 处距离改正前后的灰度板点云

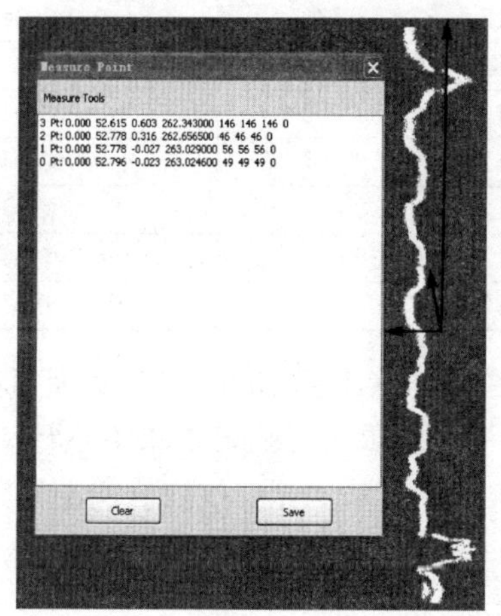

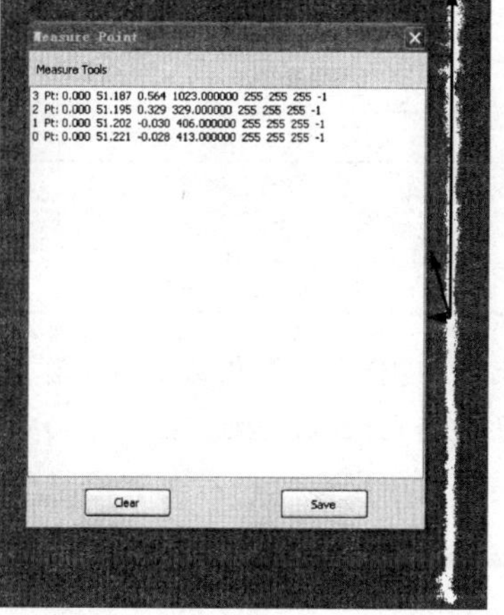

图 3-42　50 m 处距离改正前后的灰度板点云

取三者的均值(1.27 cm)作为最后的精度结果，使得 RA-360 Ⅱ 激光点测距精度达到 1.27 cm，说明 RA-360 系列激光的测距精度经过本书的检校方法检校之后已达到国际同类型激光扫描仪的水平，可完全满足目前对三维激光扫描仪测距精度的生产要求。

§3.5 激光时间同步误差检校

所谓激光时间误差指激光扫描系统与GPS、IMU之间的时间偏移差。时间同步误差导致激光脚点对应的IMU信息不真实。造成时间误差的原因是车载激光雷达系统由激光扫描仪、GPS、IMU三部分组成，三者的物理结构不同，各自独立工作，并且三者的采集频率不同，其中GPS采集频率最低，激光扫描仪的采集频率最高，而每个激光脚点都需要GPS提供的位置信息和IMU提供的角度信息，由此便产生了同步误差。具体检校做法是让激光输出带有时间记录的脉冲打到GPS中去，然后读取GPS中相应的时间信息，与激光扫描仪的时间进行比对，两者较差应小于1 ms，表3-11给出一组实验数据。

表3-11 激光扫描仪与GPS时间同步实验数据

脉冲序号	激光扫描仪记录的脉冲发出时间/s	GPS记录的脉冲时间/s	时间差/s
1	125 468.409 753	125 468.409 763	−0.000 010
2	125 468.434 742	125 468.434 752	−0.000 010
3	125 468.459 731	125 468.459 741	−0.000 010
4	125 468.484 720	125 468.484 730	−0.000 010
5	125 468.509 709	125 468.509 719	−0.000 010
6	125 468.534 698	125 468.534 708	−0.000 010
7	125 468.559 687	125 468.559 697	−0.000 010
8	125 468.584 676	125 468.584 686	−0.000 010
9	125 469.409 753	125 468.609 675	−0.000 010
10	125 469.434 742	125 468.634 664	−0.000 010

从表3-11中的数据可以看出，激光扫描仪与GPS的时间同步精度很高，激光扫描仪总是较GPS数据快0.000 010 s，对测量结果的影响可以忽略不计。如果这个时间误差大于限差1 ms，则应记录下来，并用于对激光扫描仪时间的修正。

第 4 章　线阵 CCD 相机的检校原理与方法

§4.1　线阵相机的检校内容

数码相机作为非量测性相机在摄影测量中的应用已经较为广泛。众所周知，数码相机在测量应用之前必须对其进行检校。数码相机按 CCD 感光器件的类型分为面阵和线阵两种，SSW 系统的纹理信息采集设备采用的是目前工业上常用的高速线阵相机。

线阵相机具有与 360°激光扫描仪相类似的工作状态，作业时可以逐线采集数据(激光扫描仪 360°高速采集一次也可以认为是作业了一线)；线阵相机的采集频率高(如 TVI XIIMUS 4K 线阵相机的线频率高达 40 MHz)，能及时保存数据，动态范围大，性价比高，非常适合动态作业。

在本书的第 1 章总结了现有面阵相机、三线阵相机、全景线阵相机的检校方法，其中三线阵相机的检校思想可以借鉴，而全景相机的工作原理复杂，不宜借鉴。面阵相机的检校方法是通过在不同的位置获取相同目标的影像，然后借助于共线方程计算相机的内方位元素及其畸变参数。线阵相机线宽过窄，即便是在不同位置获取相同目标的影像，也难以量测出影像坐标。目前流行的线阵相机的检校方法由于特殊标靶的要求，检校精度相对较低，因此迫切需要探索新的线阵 CCD 检校方法。

本书对线阵相机进行检校研究，通过计算出内方位元素，即相机的焦距 f 和相机投影中心的像平面坐标(x_0，y_0)，建立相应的检校模型，从而消除镜头畸变差。本书设计了专门的检校构架——平行性构架(也称平行性绑定)，在平行性构架的基础上完成对线阵相机的高精度标定。

§4.2　线阵相机与激光扫描仪的平行性构架设计

4.2.1　平行性构架的设计与精度需求

RA-360 激光扫描仪旋转扫描时，每转动一周，在空间内的扫描线是一条线。线阵相机每曝光一次也是一条线。激光扫描获得的原始数据是一系列激光点的角度和距离值，线阵相机各个像元与像主点的连线也具有角度关系，二者的共性使借助激光扫描仪高精度的角度信息来检校线阵相机成为可能。

为了简化和提高检校精度，在进行检校前需要从机械设计上将线阵相机的光束平面与激光扫描仪的扫描面调整到严格平行状态，相机的主点尽量靠近激光扫描仪的中心，以保证二者切面同心，从而提高检校精度。

由于扫描面和相机的光束平面都是不可见的，因此面和面的平行性检查不能借助于每个面上两条不平行直线所在平面相互平行的原理来进行，只能借助调节两平面与目标物体面交线的平行性来解决，也就是调节两条交线的平行性以及两条交线平行后的间距。严格平行后，激光的高精度角度信息就可以用来校正线阵相机的每个像素的角度，从而建立线阵相机的检校模型，得出相关的检校参数。

图 4-1 为车载移动测量系统上激光扫描仪和线阵相机的工作光束模拟图，可以看到在倾斜工位下激光和相机均与地面有条交线。在调节平行性时，可以借助载体的上下或前后移动来采集设计标靶的纹理信息和三维激光点云信息，分别求出两个距离较远的点在线阵相机影像和激光点云中的方位信息，通过方位信息的对比来求取两者的夹角。

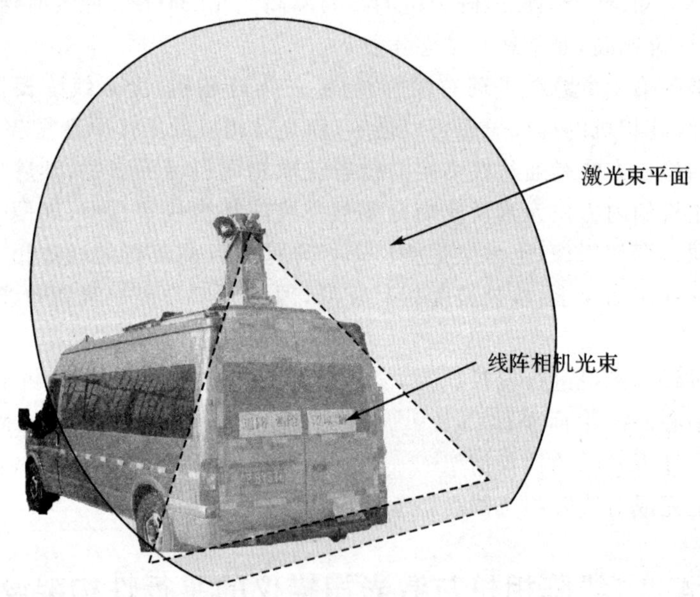

图 4-1　平行性构架的外观

这里采用了两种工位，一种是竖直工位，一种是倾斜工位。竖直工位方便快捷，可以借助距离传感器较远的目标点来实现，调节精度较高。倾斜工位受倾斜角度大小的影响，只能借助离传感器较近的地面目标来实现，因精度相对于竖直工位低，一般用于综合标定之后的相机遮挡或者重叠度不满足要求时改装后的检校。

检校标靶仍然选择交通标志纸制作的十字标靶。将设计的标靶贴在建筑物墙面上，因建筑物立面垂直于地面，故非常适合作为竖直工位平行性调节的检校面。

图 4-2 为线阵相机和激光扫描仪对同一目标建筑物立面进行数据采集得到的纹理信息和点云信息。可以看到，十字标靶在线阵相机影像上清晰可见，在点云信息里面，该类十字标靶的灰度信息不同于一般的建筑物表面，位置凸出所在的建筑物立面（见图 4-3(c)），非常便于寻找。

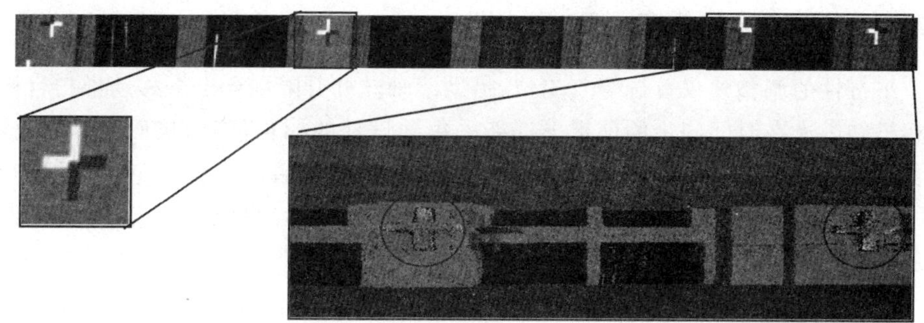

图 4-2　平行性检校的检校场及其点云灰度

设计标靶在点云中的局部放大图如图 4-3 所示。

(a) 标靶点云正视

(b) 框出的标靶点云正视

(c) 框出的标靶点云侧视

图 4-3　平行性调节的特制标靶及其点云

为了看到标靶在点云里面的凸出情况，首先将目标根部用线条框出（见图 4-3(b)），然后从另一个角度观察标靶（见图 4-3(c)），可以看到强反射标志凸出墙面，这样非常有利于识别点云中的标靶，便于精确测量出标靶的信息。

平行性结构的平行精度究竟要达到多少才能满足于线阵相机检校的精度需求，是由线阵相机和激光扫描仪的参数决定的。100 m 处激光的光斑大小为

$$100\times0.3\times10^{-3}=0.03(\mathrm{m}) \tag{4-1}$$

24 mm 镜头的线阵相机每个像素的线宽在 100 m 处为

$$100\times10\times10^{-6}/(24\times10^{-3})=0.042(\mathrm{m}) \tag{4-2}$$

只要两传感器光束面与检校面的交线夹角(以下简称夹角)和两传感器光束面与检校面的竖直垂面的交线夹角(以下简称张角)带来的误差不大于半个像元或者光斑的大小,理论而言将来的融合精度就可以达到亚像素级,即相机与激光的夹角和张角调到在 100 m 处的偏差小于 1.5 cm(光斑的半径)即可满足要求。

4.2.2 平行性构架的实现原理

平行性的调整建议首选竖直工位,借助滚轴丝杠升降平台上下移动推扫目标,使相机和激光在时间同步的前提下都能采集到设计的标靶信息,从而能计算出标靶在激光点云信息里面和在影像里面的方位信息,使二者的方位信息一致即为平行。如果系统集成后还需要调整集成传感器的相对位置,只能借助已选择的安装工位来进行。

竖直工位作业原理如图 4-4 所示。

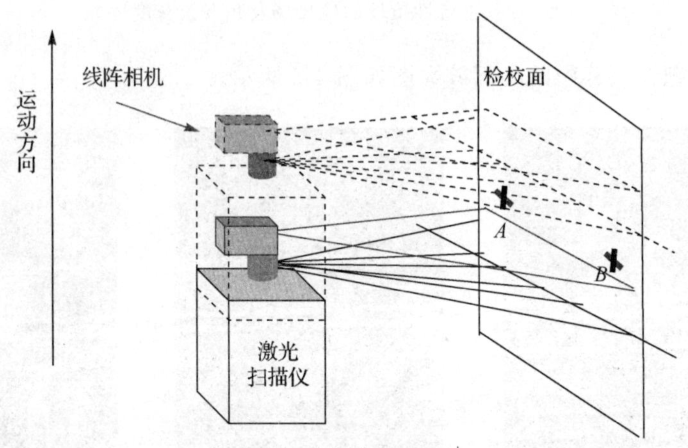

图 4-4 竖直工位平行性调整原理

线阵相机是受激光扫描仪发射的脉冲来触发曝光的,二者具有同步的时间信息,每条影像线都有各自的时间信息。当固定好的线阵相机和激光扫描仪设备在竖直工位做上下移动时,会采集到检校面上相应范围内的激光点云信息和线阵相机影像,定义 α_L、α_C 分别为激光光束面、相机光束面与检校面的交线相对于 A、B 两点的方位角。图 4-4 中,线阵相机的影像线相对于 A、B 两标靶中心点的方位角 α_C 可以借助线阵相机经过 A、B 两点的时间差乘以速度再除以两点的距离得到。即

$$\sin(\alpha_C)=(t_{CA}-t_{CB})\cdot v/L_{AB} \tag{4-3}$$

由于选取的点几乎是在同一高度，相机的安装设计也近乎水平，所以该角度较小，故式(4-3)可以简写成

$$\alpha_C=(t_{CA}-t_{CB})\cdot v/L_{AB}$$

同理，激光扫描仪对应的方位角 α_L 也可以计算出来：

$$\alpha_L=(t_{LA}-t_{LB})\cdot v/L_{AB}$$

两个方位角之差即为激光光束面与线阵相机光束面的夹角 β：

$$\beta=\alpha_C-\alpha_L \tag{4-4}$$

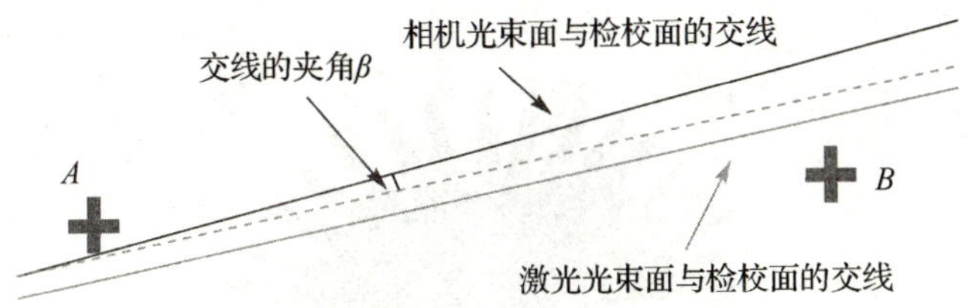

图 4-5　两传感器与检校面的交线构成的夹角

夹角 β 的大小调节到满足需要之后，再根据两条交线的间距和激光中心与相机主点中心的间距来调整两个面的张角，进而使两个平面达到严格平行。

张角(θ)的剖面图如图 4-6 所示。

$$\tan\theta=\overline{C_1C_2}/\overline{CC_2} \tag{4-5}$$

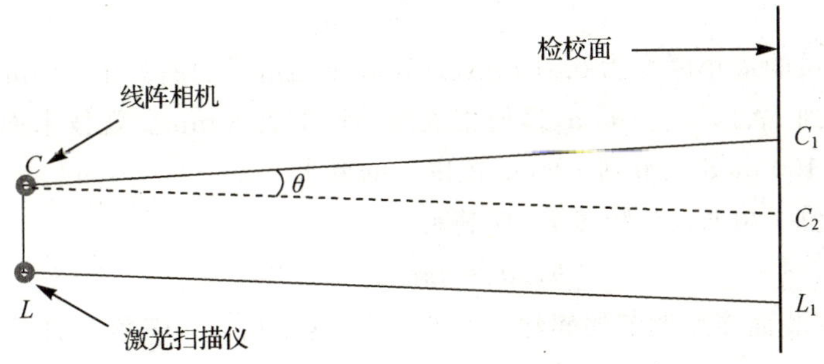

图 4-6　两传感器的张角

为了方便调节，安装面的加工要满足一定的条件。例如将调节两个传感器扫描面夹角的安装面设计成等腰三角形($AB=AC$，见图 4-7)。安装面在满足不遮挡其他传感器的前提下，三角形尽量是边长较长的等边三角形，至少也要满足等腰的条件，然后借助精密塞尺(见图 4-8)进行夹角的调节。

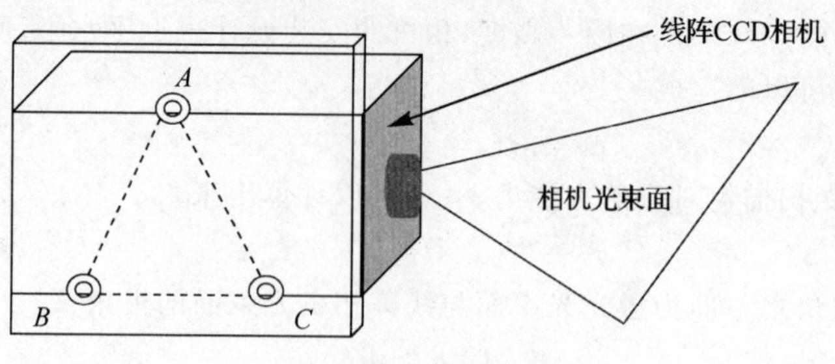

图 4-7 调节安装盘

图 4-8 精密塞尺

精密塞尺的最小厚度为 0.01 mm，设计等腰三角形的高为 120 mm 时，角度调节可以精确到 17.19″，在 100 m 远处相机变动调节到 8 mm。就技术而言，该塞尺完全能满足 100 m 处调节到 1.5 cm 范围内的要求。

竖直工位夹角塞尺的厚度 h_1 应满足

$$h_1/d_1=\tan(\alpha_L-\alpha_C) \tag{4-6}$$

式中：d_1 为安装面需要调节的螺丝之间的距离(这里指等腰三角形的高)。

由于 $\Delta\alpha=\alpha_L-\alpha_C$，是一个较小的角度，所以

$$\tan(\alpha_L-\alpha_C)=\alpha_L-\alpha_C \tag{4-7}$$

联立式(4-6)和式(4-7)，得到

$$h_1=(\alpha_L-\alpha_C)d_1 \tag{4-8}$$

张角的塞尺厚度 h_2 的计算公式为

$$h_2=d_2\Delta l/D \tag{4-9}$$

式中：d_2 为安装面用于计算塞尺厚度的边长尺寸；Δl 是检校面上的两线间距与实际两中心间距的差值；D 是传感器与检校面的距离。

竖直工位时，检校面非常容易找到，例如贴有设计标靶的竖直墙面。计算也较

为简单,直接通过数据根据式(4-4)和式(4-5)就可得到真正的夹角和张角。再根据式(4-8)和式(4-9)可得到准确的塞尺厚度。

当传感器置于倾斜工位时,平行性调节的思想类似,但是公式推导方面要注意倾斜工位的倾斜角对夹角和张角的影响。

下面详细推导倾斜工位情况下塞尺厚度的计算公式。仍旧借助竖直墙面作为检校面来进行。假设相机和激光扫描仪倾斜 φ 角度,相机与激光扫描仪光束面的夹角为 β,相机和激光扫描仪在检校面上的夹角为 γ,如图 4-9 所示。

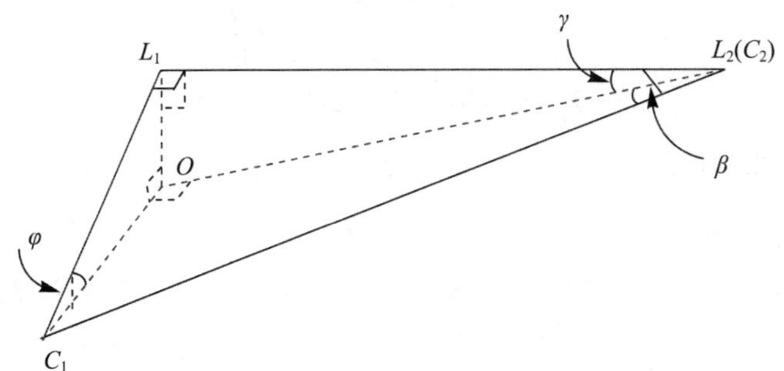

图 4-9　倾斜工位两传感器的夹角

面 $L_1L_2C_1$ 是夹角的调节面,该面与激光束垂直,L_1L_2 是两平面的交线,C_1C_2 是线阵相机光束与该调节面的交线,由于相机与激光扫描面不平行带来的夹角 β 也就是调节的角度,OC_2 是 C_1C_2 在检校面上的投影,则相机和激光扫描面在垂面上的夹角 β 在检校面上的投影是 γ。由于相机和激光扫描仪采集到的信息是检校面的信息,所以角度 γ 是可以计算出来的夹角。

下面推导出 β 与 γ 的关系。

由

$$\overline{C_1L_1}=\overline{L_1L_2}\cdot\tan\beta$$

$$\overline{L_1O}=\overline{C_1L_1}\cdot\sin\varphi$$

$$\overline{L_1O}=\overline{L_1L_2}\cdot\tan\gamma$$

得到

$$\tan\beta=\tan\gamma/\sin\varphi$$

由于夹角 β 是由机械加工的误差引起的,现在机械加工的精度较高,所以此角很小,γ 也很小。于是

$$\beta=\gamma/\sin\varphi \tag{4-10}$$

相应的夹角塞尺厚度为

$$h_1=(\gamma/\sin\varphi)\cdot d_1 \tag{4-11}$$

夹角调节到误差允许的范围之后,再逐步调节张角。

图 4-10 所示的是激光束和相机光束与检校面的剖面图。C、L 分别是相机主点和激光中心，C_1、L_1 分别是完全平行状态下相机主点和激光中心在光束面与检校面交线上的投影，C_2 是相机光束平面不平行于激光扫描仪平面时在交线上的投影。C_3Z_1 是塞尺的厚度 h_2，C_2Z_2 垂直于 CC_1，根据相似关系得

$$h_2=\overline{CC_3}\cdot\overline{C_2Z_2}/\overline{CC_2}$$

$$\overline{C_2Z_2}=\overline{C_1C_2}\cdot\sin\varphi$$

$$\overline{CC_2}=\sqrt{\overline{CC_4}^2+\overline{C_4C_2}^2}$$

$$\overline{C_4C_2}=\overline{CC_1}\cdot\cos\varphi-\overline{C_1C_2}$$

$$\overline{CC_4}=\overline{CL}\cdot\cos\varphi+\overline{LL_2}$$

最终得到张角的塞尺厚度计算公式为

$$h_2=\overline{CC_3}\cdot\overline{C_1C_2}\cdot\sin\varphi/\sqrt{[(\overline{CL}\cos\varphi+\overline{LL_2})\cdot\cot\varphi-\overline{C_1C_2}]^2+(\overline{CL}\cdot\cos\varphi+\overline{LL_2})^2}$$

式中：$\overline{CC_3}$ 为设计的调节张角安装面的相应尺寸，$\overline{C_1C_2}$ 为相机和激光的理论间距与实际间距之差，$\overline{CL}$ 为相机和激光在垂直于光束面上的间距，$\overline{LL_2}$ 为激光中心距离检校面的距离，φ 为激光扫描仪相对于地面的倾斜度。

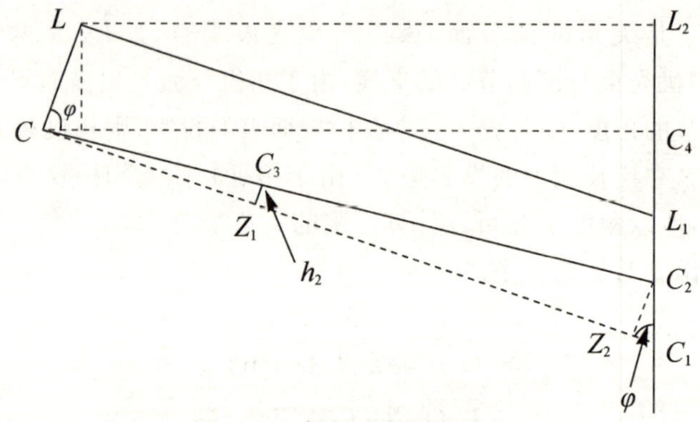

图 4-10 倾斜工位下的张角

实施调节时，借助滚轴丝杠上下匀速运动，采集检校面内标靶的纹理信息和点云信息，然后根据相应公式计算塞尺的厚度。由于每次拧紧螺丝的力度不均匀会带来误差，故应反复调节或者用小型的扭力矩来控制力度。

§4.3 线阵相机的检校原理与检校模型的建立

4.3.1 标定方法的可行性探讨

平行性绑定是本书提出的线阵相机检校方法的前提条件。平行性的设计要求

是激光扫描仪的中心和线阵相机的主点连线尽量地垂直于二者的光束平面。这样二者刚性绑定之后，就可以借助激光扫描仪高精度的测角信息对线阵相机进行标定。

平行绑定后的两传感器的侧面如图 4-11 所示，激光中心 L 和相机主点 C 同心。

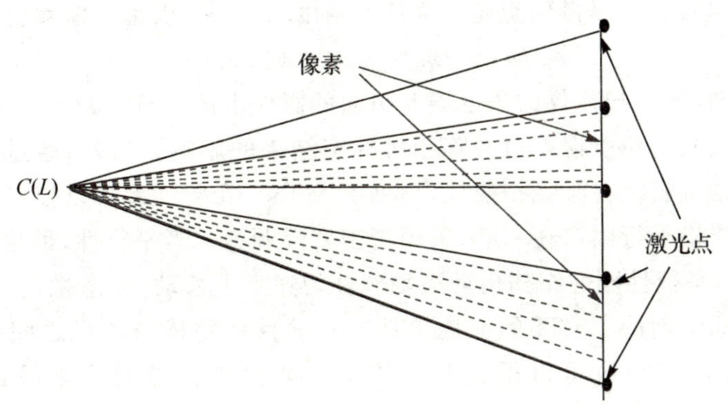

图 4-11　线阵相机和激光扫描仪绑定剖面

根据相机和激光扫描仪的参数可知，线阵相机采用 24 mm 镜头，线阵 CCD 长度为 4 096 像素，每个像素宽度为 10 μm，相机的视场角 α 大小为

$$\alpha = 2\arctan(2\,048 \times 10 \times 10^{-6}/(24 \times 10^{-3})) = 80.95°$$

激光扫描仪点频为 200 kHz，转速为 3 000 r/min，则每圈有 4 000 个点，80.95° 视场角里面有近 900 个点。平均每 4.55 个像素就有一个激光点，所以用于检校相机的数据量较为丰富。

图 4-12 为线阵相机的原理简图。

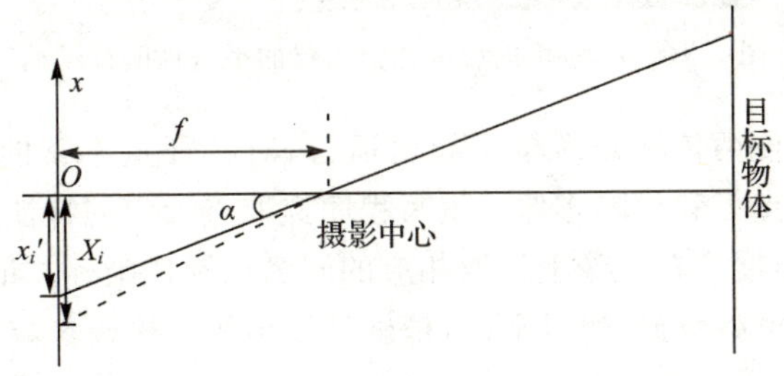

图 4-12　线阵相机的成像原理

从图 4-12 可以看出

$$x_i = \tan\alpha_i \cdot f \tag{4-12}$$

式中：x_i 为目标在影像上的理论坐标值，f 为主距，α_i 为某像素点与主点中心连线与主光轴之间的夹角(也称入射角)。

线阵相机的像方坐标只与目标的入射角 α 和主距 f 有关，如果能够精确确定这两个参数，就能求出相机的内方位元素。

在车载移动测量系统中，激光扫描仪是动态获取目标物三维坐标的传感器，经过用本书介绍的方法对其标定后，测角精度可达±0.01°，线阵相机 TVI 4K 配置的镜头标称主距 f 为 24 mm（像素大小为 10 μm）。

根据式(4-12)可以得到激光扫描仪的角度误差 m_a 引起的像素变化 M_x。

$$M_x = f m_a = \pm 0.42(\text{像素})$$

由此可知，激光扫描仪的角度误差引起的影像上的坐标变化不足 0.5 个像素，因此可忽略激光的角度误差对线阵相机标定结果的影响。另外，通过精密机械加工可将线阵相机安装在激光扫描仪上（见图 4-13），安装误差可以控制在 1 cm 内。将二者钢性严格平行固定在一起，采用精密塞尺调整二者平行性，最终夹角可调整在±18″以内，平行性刚性结构借助滚轴丝杠匀速上下移动，姿态稳定，从硬件上为线阵相机的标定创造了必要的前提条件。测试目标物体与相机之间的距离大于 30 m，根据式(4-12)也可以得到两个传感器的偏心误差对像素的最大影响为 0.11 个像素左右，所以这个误差可忽略，这也是能借助激光扫描仪角度对线阵相机进行检校的必要前提之一。

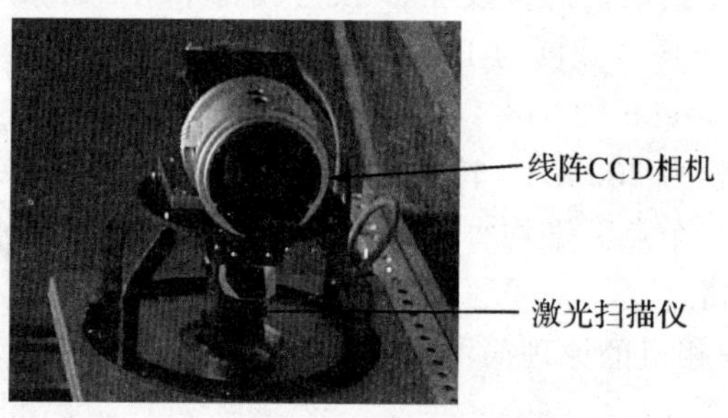

图 4-13　线阵相机和激光扫描仪的平行性刚性结构

数据采集时，使两传感器沿精密导轨运行，对特征点丰富的墙面进行数据采集，得到目标物的点云和线阵影像。编写程序提取点云中的特征点，并查找得到这些点的原始扫描角度。在影像上提取相应的同名点影像坐标并记录下来。在相机视场内均匀观测 N 组数据，通过平差，精确计算出相机检校参数。

4.3.2 线阵相机检校模型

根据几何光学原理，相机镜头的畸变分为切向畸变和径向畸变两种。线阵相机的切向畸变 $y=0$，其物镜系统的径向畸变 Δr 可用奇次多项式表达。

$$\Delta r = x(k_0 r^2 + k_1 r^4 + k_2 r^6 + \cdots) \tag{4-13}$$

式中：Δr 是以 μm 为单位表示的径向畸变差值；$k_i\ (i=0,1,2,\cdots)$ 是描述该物镜系统径向畸变的系数；r 为该像点的向径，严格地说，是该像点与相机主点之间的距离。

由于 Δr 很小，r 可用式(4-14)近似计算。

$$r=\sqrt{(X'-x_0)^2} \tag{4-14}$$

式中：x_0是像主点的像平面坐标，X'为某一点的像平面坐标。

对于绝大多数物镜系统，取三个k系数就能准确地描述它的畸变曲线，对一些质量好的物镜系统，取前两项就足够了。

将式(4-13)、式(4-14)代入式(4-12)，经过变换得到线阵相机的检校模型为

$$f\tan\alpha_i=(X_i'-x_0)+k_0(X_i'-x_0)^3+k_1(X_i'-x_0)^5+k_2(X_i'-x_0)^7$$

由于f与x_0、k_0、k_1、k_2相关，因此应该分两步求解来保证结果的正确性。

(1)求x_0、k_0、k_1、k_2。对模型进行线性化，得到式(4-15)。

$$v_{x_i}=\hat{x}-x_i+K\cdot\Delta x_0+(X_i'-x_0)^3\Delta k_0+(X_i'-x_0)^5\Delta k_1+(X_i'-x_0)^7\Delta k_2 \tag{4-15}$$

式中：$K=1+3k_0(X_i'-x_0)^2+5k_1(X_i'-x_0)^4+7k_2(X_i'-x_0)^6$，$\hat{x}$为$x_0$的估值。

当具有若干个观测值时，可将式(4-15)写成矩阵的形式：

$$\boldsymbol{V}=\boldsymbol{AX}-\boldsymbol{L}$$

式中

$$\boldsymbol{A}=\begin{bmatrix}(X_1'-x_0)^3 & (X_1'-x_0)^5 & (X_1'-x_0)^7 & K\\ (X_2'-x_0)^3 & (X_2'-x_0)^5 & (X_2'-x_0)^7 & K\\ \vdots & \vdots & \vdots & \vdots\\ (X_n'-x_0)^3 & (X_n'-x_0)^5 & (X_n'-x_0)^7 & K\end{bmatrix}$$

$$\boldsymbol{X}=[\Delta k_0 \quad \Delta k_1 \quad \Delta k_2 \quad \Delta x_0]^{\mathrm{T}}$$

$$\boldsymbol{L}=\begin{bmatrix}x_1-\hat{x}\\ x_2-\hat{x}\\ \vdots\\ x_n-\hat{x}\end{bmatrix}$$

迭代计算得到x_0、k_0、k_1、k_2。

(2)求f。对式(4-13)进行线性化，得到式(4-16)。

$$v_{x_i}=\hat{x}-x_i+\tan\alpha_i\cdot\Delta f \tag{4-16}$$

当具有若干个观测值时，将式(4-16)写成矩阵形式：

$$\boldsymbol{V}=\boldsymbol{A}\cdot\boldsymbol{X}-\boldsymbol{L}$$

式中

$$\boldsymbol{A}=[\tan\alpha_1 \quad \tan\alpha_2 \quad \cdots \quad \tan\alpha_n]^{\mathrm{T}}$$

$$X=\Delta f$$

$$\boldsymbol{L}=\begin{bmatrix} x_1-\hat{x} \\ x_2-\hat{x} \\ \vdots \\ x_n-\hat{x} \end{bmatrix}$$

用第一步求取的参数值作为初始值,迭代计算求取主距 f。将得到的 f 作为初值重新计算第一步的参数,直到所有参数计算都收敛稳定后结束,最终得到较高精度的参数值。具体计算流程如图 4-14 所示。

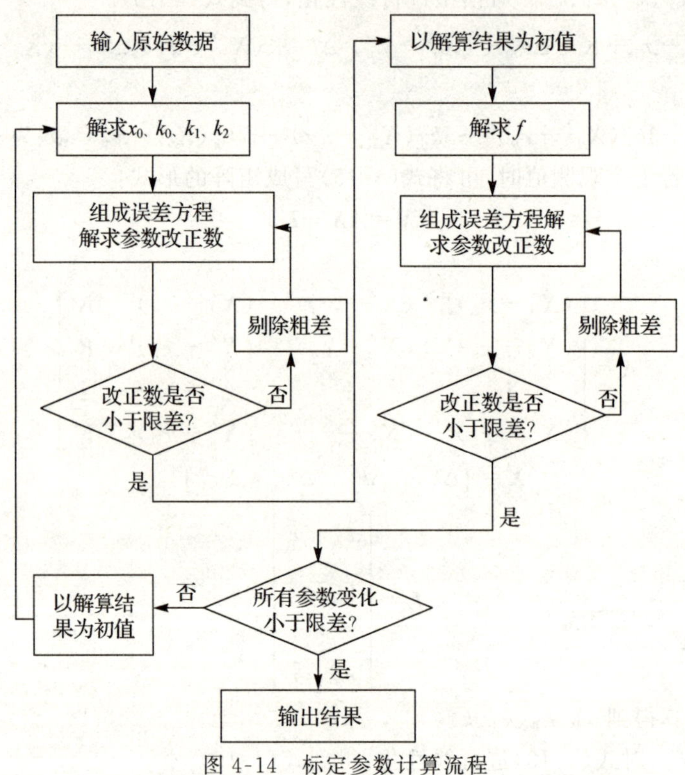

图 4-14 标定参数计算流程

§4.4 线阵相机检校实验设计与数据处理

将线阵相机和激光扫描仪的平行刚体结构(见图 4-13)一同安置在滚轴丝杠升降平台上,设置平台在竖直平面内按照一定的频率移动,对建筑物街景进行数据采集,得到影像(见图 4-15)和点云原始数据(见图 4-16)。本书选取的对象是点云数据中表现出一定凸出特性的砖缝墙。

图 4-15　检校场的线阵相机影像

图 4-16　检校场的点云

用自行开发的激光扫描仪检校程序对点云进行处理，并提取出特征点(也可以手工进行量测，图 4-17 为手工量测的截图)。根据对应位置在影像上找出相应的特征点，并用 Photoshop 等常见的图像处理软件进行量测，从而得到实验数据的观测值——标志点的像素值以及对应的激光扫描仪角度信息。

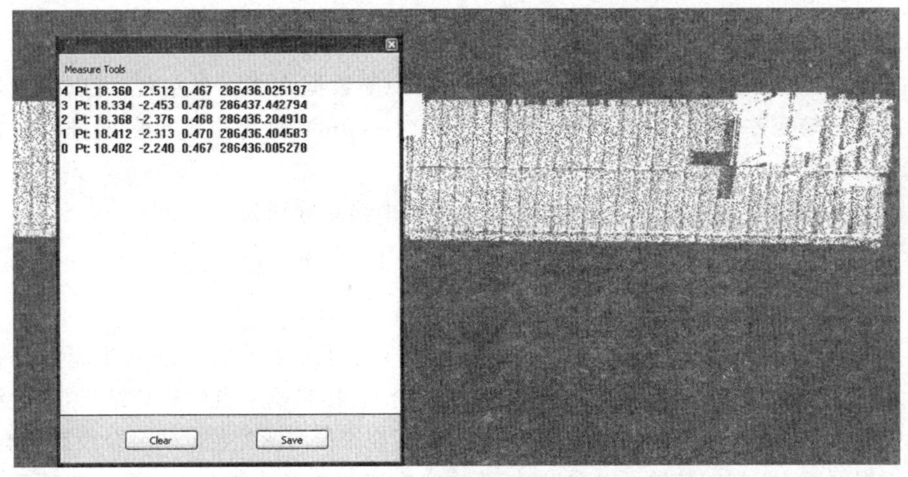

图 4-17　在 DY-1 中量取砖缝作为检校原始数据

通过编制相应的参数解算程序，并根据平差理论设立了粗差剔除机制，计算完一遍参数以后，判断式(4-17)是否成立。

$$|\Delta x_i| > 3\sqrt{\frac{\sum \Delta x_i \cdot \Delta x_i}{n-1}} \tag{4-17}$$

如果成立，则认为这组数据为观测不准确数据，需从原始数据中剔除这一行数据。将所有数据都检查一遍,然后用剩余的数据重新进行参数计算。经过这样的迭代计算,采集的每个像素的改正值最终都小于 3 倍的标准中误差。具体数据处理流程如图 4-14 所示。

实验初步采集了 3 组数据,用 3 组数据分别计算参数,根据参数将相应的一条影像线上的像素进行畸变差计算,画出相应的畸变差曲线(见封三图 4-18)。通过比较 3 组数据的畸变差曲线,可看到畸变差的图形走势基本重合,说明标定模型稳定性较好。3 组数据的计算结果如表 4-1 所示,可以看出,结果精度较高。

表 4-1　三组数据的计算结果及畸变差改正精度

观测组	x_0	k_0	k_1	k_2	f/像素	中误差/像素
1	18.93	1.71×10^{-8}	-1.30×10^{-14}	2.35×10^{-21}	2 482.004	±0.48
2	18.37	1.55×10^{-8}	-1.06×10^{-14}	2.86×10^{-21}	2 481.767	±0.42
3	18.72	1.52×10^{-8}	-1.57×10^{-14}	2.76×10^{-21}	2 481.600	±0.44

对各组数据分别进行畸变差改正的中误差计算(单位为像素):

$$m_{x_{i1}}=\pm\sqrt{v_{x_{i1}}v_{x_{i1}}/(n-1)}=\pm0.48$$

$$m_{x_{i2}}=\pm\sqrt{v_{x_{i2}}v_{x_{i2}}/(n-1)}=\pm0.42$$

$$m_{x_{i3}}=\pm\sqrt{v_{x_{i3}}v_{x_{i3}}/(n-1)}=\pm0.44$$

TVI 4K 相机的像元大小为 10 μm,每组观测数据在 300 个左右,可以得到最大的一组畸变差改正值中误差为 0.48×10=4.8(μm),这完全满足后期进行数据融合的精度要求。

对三组数据进行分析,得到主点和主距的中误差分别为

$$m_{x_0}=\pm\sqrt{v_{x_0}v_{x_0}/(n-1)}=\pm0.94$$

$$m_f=\pm\sqrt{v_fv_f/(n-1)}=\pm0.44$$

单位均是像素(10 μm),也就是主点中误差 0.94×10=9.4 (μm),主距中误差 0.44×10=4.4 (μm)。由于两传感器中心不重合,直接影响主点的解算结果,因此结果中的主点值不能反映相机的真实情况,但对后期影像与激光数据的融合没有影响。

根据表 4-1 中的数据可以看出,按该标定方法和数据处理方法计算出的畸变差精度可达 4.8 μm,主点中误差为 9.4 μm,主距 f 的中误差为 4.4 μm,均不足一个像素大小,因此完全能够满足后期将彩色影像赋给点云的精度要求。此方法得到的畸变差改正参数精度高、稳定性好,也可以用于同类产品标定。用该方法标定的 CV-L107CL 线阵相机也得到了较高的精度。如果想进一步提高精度,可以进一步加大线阵相机与被摄物体间的距离,从而进一步降低激光扫描仪测角误差和机械安装误差对整个检校精度的影响;另外一个策略就是提高像素和对应角度的观测精度。

第 5 章　惯性测量单元的检测

§5.1　测量原理及检测内容

惯性测量单元(IMU)是高精度车载移动测量系统导航模块的重要组成部分。一个惯性测量单元包含三个单轴的加速度计和三个单轴的陀螺仪。加速度计用于检测物体在惯性坐标系统中三个轴方向上的加速度信号,而陀螺仪则用于检测载体相对于导航坐标系的角速度信号。IMU 的测量原理是通过测得物体在三维空间中的加速度和角速度,经过积分解算出物体在惯性坐标系中的平移量,并计算它的位置。与其他导航系统不同的是,惯性系统在载体内是完全自成一体的,也就是说,它不需要从载体传送信号或者从外部接收信号。但是 IMU 需要精确获取载体的初始位置,以便估算载体随后的位置变化。

IMU 仪器坐标系的定义如图 5-1 所示。IMU 随载体前进方向定义为 Y 轴(横滚轴),水平向右定义为 X 轴(俯仰轴),竖直向上定义为 Z 轴(航向轴)。

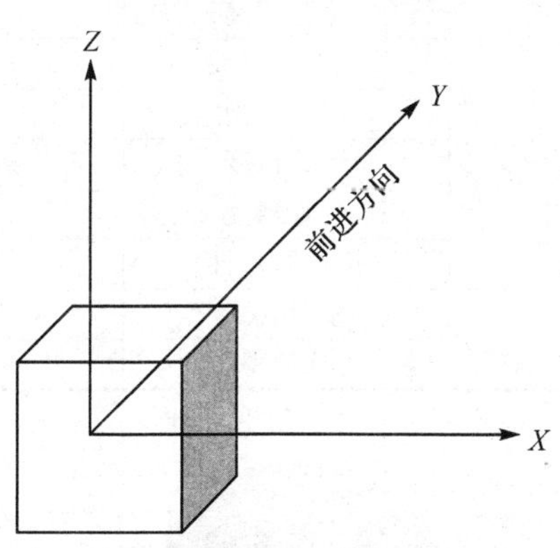

图 5-1　IMU 仪器的坐标系定义

测试采用 GT580 型双轴数显手动转台(见图 5-2),该转台由台体及数字显示表组成,转台台体由内环轴、外环轴组成,仪器的参数指标如表 5-1 所示。测试时,将 IMU 连同工装刚性固定在转台上(见图 5-3),通过摇转手轮让转台台面围绕内环轴和外环轴转动,以此模拟载体运动。转台转动时,当前内环轴和外环轴的角度输出值可以实时显示出来,因此可以借助转台来测试 IMU 的姿态数据。本书将对 IMU 做以下检测:初始姿态精度检测、跟踪姿态检测、漂移精度检测和时间同步精度检测。时间同步精度检测与第 3 章的同步检测方法一致,不再赘述。

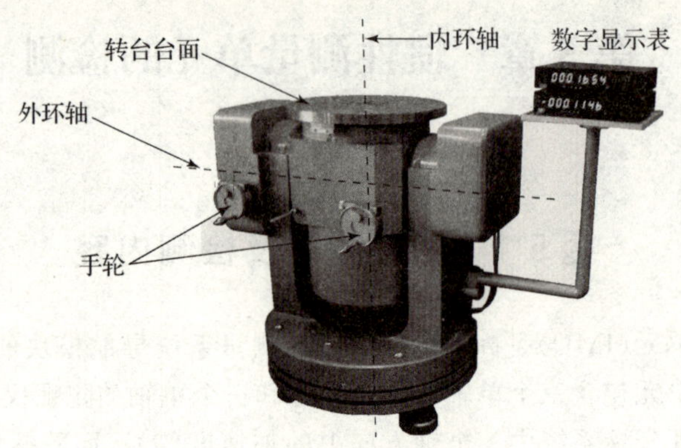

图 5-2 GT580 型双轴数显手动转台

表 5-1 GT580 型双轴数显手动转台参数

参数项		参数值
台面	直径	580 mm
	平整度	0.02 mm
内环轴	转角范围	±360°
	回转精度	±3″
	位置精度	±5″
	位置重复性	±2″
外环轴	转角范围	±90°
	回转精度	±4″
	位置精度	±7″
	位置重复性	±3″
数显表	显示方式	×××°××′××″
	分辨率	1″

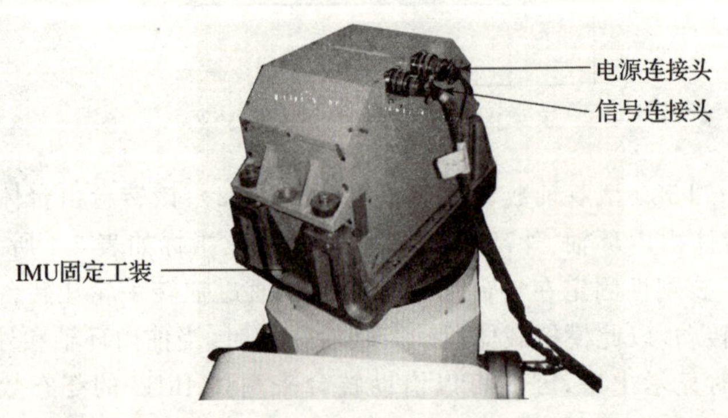

图 5-3 IMU 与转台刚性绑定结构

§5.2　初始姿态精度检测

5.2.1　初始姿态检测原理

惯性导航系统输出的载体速度和位置，是通过加速度计及陀螺仪输出的加速度及角速度经积分计算得到的。要进行积分运算，首先必须设置积分计算的初始条件，如初始速度、初始位置。惯性导航系统中加速度计的测量基准（即敏感轴指向）由平台轴确定，惯性导航系统在进入导航工作状态之前必须进行初始化对准来获取初始速度和初始位置。初始化对准即使平台坐标系与地理坐标系指向一致，包括水平方向上和方位指向上的一致，分别叫做水平姿态初始化对准和方位初始化对准。

（1）水平姿态初始化对准。以图 5-1 所示的载体坐标系为例，在该载体坐标系下，俯仰角 pitch 为沿 Y 轴安装的加速度计所感知的加速度函数，横滚角 roll 为沿 X 轴安装的加速度计所感知的加速度函数。由此获得的俯仰角和横滚角能近似得到一个水平面，至此水平姿态初始化工作结束。

（2）方位初始化对准。方位（航向角 yaw）初始化对准是利用陀螺罗经效应实现的，所谓陀螺罗经效应简单而言就是东向陀螺对地球自转角速度不敏感，即在理想情况下，东向陀螺仪无输出时，即认为方位初始化对准成功。

5.2.2　初始姿态检测的实施

初始姿态检测的实施过程分为外业数据采集和内业数据处理两大部分。

（1）外业数据采集流程如图 5-4 所示，初始化精度检测数据记录见表 5-2。

（2）内业数据处理工作主要是计算各姿态角的均值，并将计算结果记录在表 5-2 中均值相应位置。根据表 5-2 计算每次初始化各个姿态角的误差，并将结果记录在表 5-2 中相应姿态角误差列。利用中误差衡量三个姿态角的初始化精度，中误差计算公式为 $\sigma=\sqrt{\frac{[\Delta\Delta]}{n-1}}$，求得的三个姿态角的初始化中误差 δ_{yaw}、δ_{pitch}、δ_{roll} 分别为

$$\delta_{\text{yaw}}=\pm\sqrt{\frac{[\Delta y\Delta y]}{n-1}}=\pm 0.073\,7(^\circ)$$

$$\delta_{\text{pitch}}=\pm\sqrt{\frac{[\Delta p\Delta p]}{n-1}}=\pm 0.001\,0(^\circ)$$

$$\delta_{\text{roll}}=\pm\sqrt{\frac{[\Delta r\Delta r]}{n-1}}=\pm 0.000\,3(^\circ)$$

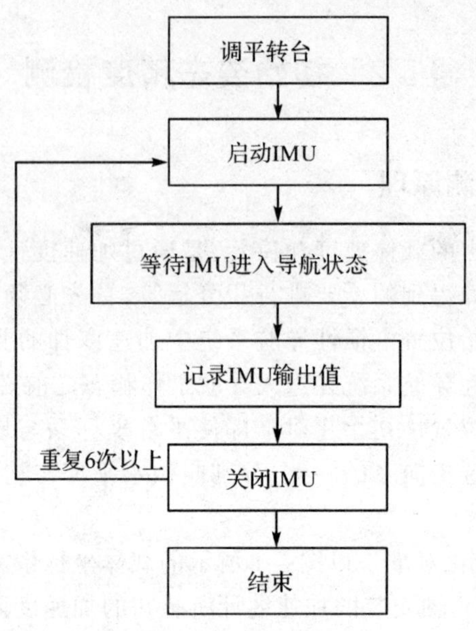

图 5-4 外业数据采集流程

表 5-2 初始化精度检测记录 单位:(°)

试验次数	航向角 yaw	俯仰角 pitch	横滚角 roll	航向角误差 Δy	俯仰角误差 Δp	横滚角误差 Δr
1	117.689 06	−0.011 09	0.004 17	−0.012 46	0.000 65	0.000 14
2	117.662 96	−0.010 91	0.004 17	−0.038 56	0.000 83	0.000 14
3	117.732 38	−0.014 17	0.003 85	0.030 86	−0.002 43	−0.000 18
4	117.641 57	−0.012 64	0.003 31	−0.059 95	−0.000 90	−0.000 72
5	117.726 58	−0.012 56	0.004 11	0.025 06	−0.000 82	0.000 08
6	117.669 18	−0.011 46	0.004 36	−0.032 34	0.000 28	0.000 33
7	117.722 47	−0.011 87	0.003 84	0.020 95	−0.000 13	−0.000 19
8	117.694 23	−0.011 55	0.004 07	−0.007 29	0.000 19	0.000 04
9	117.832 21	−0.011 79	0.004 35	0.130 69	0.000 32	0.000 32
10	117.535 67	−0.011 32	0.003 84	−0.165 85	0.000 42	−0.000 19
11	117.735 76	−0.011 27	0.004 39	0.034 24	0.000 47	0.000 36
12	117.776 16	−0.010 29	0.003 94	0.074 64	0.001 45	−0.000 09
均值	117.701 52	−0.011 74	0.004 03			

从统计精度来看,该 IMU 的航向初始化精度不高,另外两个方向的初始化对准精度较高,总体而言,初始化对准精度基本比较稳定,能够达到其标称精度。

§5.3　跟踪姿态精度检测

5.3.1　检测方法

在双轴数显手动转台上对 IMU 进行定向安置，通过转动转台改变 IMU 的姿态角，比较 IMU 的记录值与转台的读数，得到跟踪误差。IMU 三个姿态的跟踪精度应分别进行检测，具体检测步骤如下。

1. 航向角跟踪精度检测

(1)利用电子式水平仪将转台精确调平。

(2)安装 IMU，使 IMU 的航向轴平行于内环轴，并让系统预热 30 min。

(3)进行初始化对准。

(4)以一定步长角度旋转转台主轴，进行航向角跟踪精度检测试验。

为增加数据的可信度，可进行多组航向角跟踪精度检测试验，并且多组试验之间无时间间隔。

2. 俯仰角跟踪精度检测

(1)在航向角跟踪检测试验完毕后，利用航向角跟踪精度检测中所介绍的调节平台的方法，将 IMU 的俯仰轴与转台的外环轴精确调至平行。平台调节后，IMU 俯仰过程对转台横滚角的影响降至万分位。

(2)以一定步长角度转动转台外环轴，进行俯仰角跟踪精度检测试验。

可做多组试验以增加测试的可信度。

3. 横滚角跟踪精度检测

(1)重新对 IMU 加电，进行初始化对准。

(2)利用俯仰角跟踪精度检测中介绍的平台调节方法，将 IMU 的外环轴与转台的外环轴精确调至水平，为了提高转台的精度，平台调节后，IMU 横滚过程对转台俯仰角的影响降至万分位。

(3)以一定步长角度转动转台外环轴，进行横滚角跟踪精度检测试验。

5.3.2　检测实验的实施

检测试验以先航向角，再俯仰角，最后横滚角的顺序进行检测实验。

1. 航向角跟踪误差检测

航向角跟踪实验时，按照上一小节介绍的步骤完成初始对准后，按顺时针(俯视)方向依次转动转台进行多组实验，每组实验分别按照 10°步长转动航向角，记录 IMU 航向角输出的航向角及转台的输出角度，转动一周后进行下一组实验。因为转台的标称精度远远高于 IMU 的标称精度，因此将转台的输出角度作为真值，计算每组航向角的跟踪误差，其中一组的记录计算表格如表 5-3 所示。

表 5-3 航向角跟踪误差检测实验记录 单位：(°)

转台示数	IMU 输出值	差值 Δ	转台示数	IMU 输出值	差值 Δ
359.515 4	359.512	0.003 4	190.120 8	190.122	−0.001 2
9.755 2	9.752	0.003 2	200.110 8	200.113	−0.002 2
19.720 2	19.716	0.004 2	210.155 6	210.158	−0.002 4
29.658 1	29.652	0.006 1	220.178 8	220.181	−0.002 2
39.551 1	39.546	0.005 1	230.231 7	230.234	−0.002 3
49.680 1	49.674	0.006 1	240.071 0	240.074	−0.003 0
59.720 7	59.716	0.004 7	249.943 6	249.946	−0.002 4
69.646 4	69.642	0.004 4	259.913 0	259.916	−0.003 0
79.723 1	79.719	0.004 1	269.663 2	269.665	−0.001 8
89.712 2	89.708	0.004 2	279.185 4	279.186	−0.000 6
99.790 1	99.786	0.004 1	289.238 3	289.239	−0.000 7
109.221 9	109.218	0.003 9	299.767 4	299.768	−0.000 6
119.311 1	119.308	0.003 1	309.541 0	309.542	−0.001 0
129.750 8	129.748	0.002 8	319.679 6	319.684	−0.004 4
139.436 9	139.435	0.001 9	330.012 4	330.018	−0.005 6
149.497 5	149.495	0.002 5	340.239 8	340.246	−0.006 2
159.524 7	159.524	0.000 7	350.305 3	350.312	−0.006 7
170.018 4	170.018	0.000 4	0.102 2	0.108	−0.005 8
180.007 9	180.009	−0.001 1			

用中误差公式 $M_{\text{yaw}}=\pm\sqrt{\dfrac{[\Delta\Delta]}{n}}$ 计算得到航向角跟踪误差为

$$M_{\text{yaw}}=\pm\sqrt{\frac{[\Delta\Delta]}{n}}=\pm 0.003\,7^{\circ}$$

分别再做另外 3 组实验，得到的结果是 ±0.004 2°、±0.002 8°、±0.004 8°，由此可看出，航向角的动态跟踪误差满足出厂标称精度要求。

2. 俯仰角跟踪误差检测

完成航向角跟踪误差检测之后，再进行俯仰角跟踪误差检测实验。实验前需将 IMU 的坐标轴与转台的内环轴严格平行安置，然后开机进行 IMU 初始化，车辆行驶带来的横滚角变化一般在 ±15° 范围内，因此实验转台转动限制在 ±15° 范围内，先按顺时针方向转动，再按逆时针方向转动，例如从 0° 转至 15°，再从 15° 转至 0°，从 0° 转至 −15°，再从 −15° 转至 0°，为一组实验，步进角度为 5°，实验数据记录如表 5-4 所示。

表 5-4　俯仰角顺时针检测实验数据　单位:(°)

转台数据	IMU 输出值	差值 Δ
4.914 2	4.914	−0.000 2
9.926 7	9.926	0.000 9
14.914 4	14.913	0.001 3
9.924 9	9.924	0.001 2
4.919 5	4.918	0.001 2
−0.080 7	−0.080	−0.000 4
−5.105 1	−5.105	0.000 3
−10.110 7	−10.110	−0.000 9
−15.107 7	−15.106	−0.002 0
−10.097 9	−10.096	−0.002 1
−5.094 4	−5.093	−0.001 6
−0.092 1	−0.090	−0.001 9

将 IMU 所显示的数值分别与零点值作差,本组实验零点值均为 0.000 0°,再分别计算它们与真实值即转台数据间的差值。

利用中误差计算得到横滚角跟踪误差为

$$M_{\text{roll}}=\pm\sqrt{\frac{[\Delta\Delta]}{n}}=\pm 0.001\,4^{\circ}$$

同时又做了 3 组实验,得到的结果分别为±0.002 2°、±0.001 5°、±0.001 2°。从 4 组数据可以看出,IMU 的俯仰角跟踪误差与标称精度相符。

3. 横滚角跟踪误差检测

横滚角跟踪误差检测实验与俯仰角实验类似,需要将转台水平旋转 90°,然后进行 IMU 初始化,再按照俯仰角跟踪误差实验步骤进行,数据记录格式同表 5-4。横滚角跟踪误差检测做了 4 组实验,得到的结果分别为±0.001 0°、±0.000 7°、±0.000 7°、±0.001 1°。从 4 组实验数据可以看出,横滚角跟踪误差在±0.003°范围内,与仪器出厂标称精度相符。

§5.4　漂移精度检测

由 IMU 的导航原理可知,导航是由角速度和加速度经过积分得到的,误差会随时间不断累积,这种现象称为误差漂移。漂移使导航偏离正确位置,因此误差漂移参数是衡量 IMU 性能很重要的指标。

漂移精度检测时，需要保持 IMU 不动，待其初始化结束后进行数据记录，间隔一定时间后再记录 IMU 数据，依此类推，记录多组数据，在对数据进行分析。图 5-5 至图 5-7 展示了某次实验分别在 8:30、9:00、9:30、10:00、10:30 和 11:00 各时刻记录的 IMU 航向角、俯仰角、横滚角得到的漂移误差。

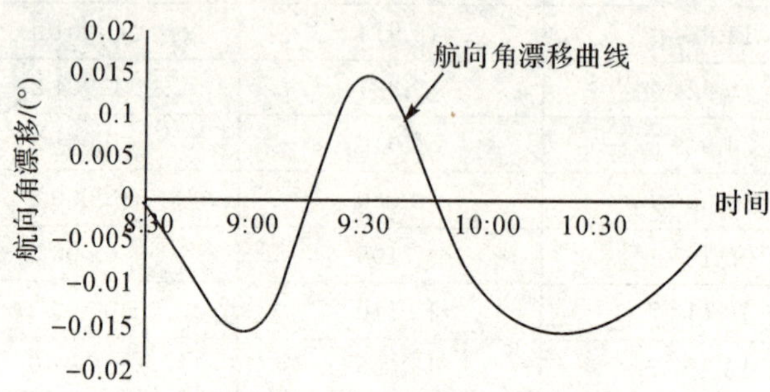

图 5-5　航向角漂移精度测试实验数据

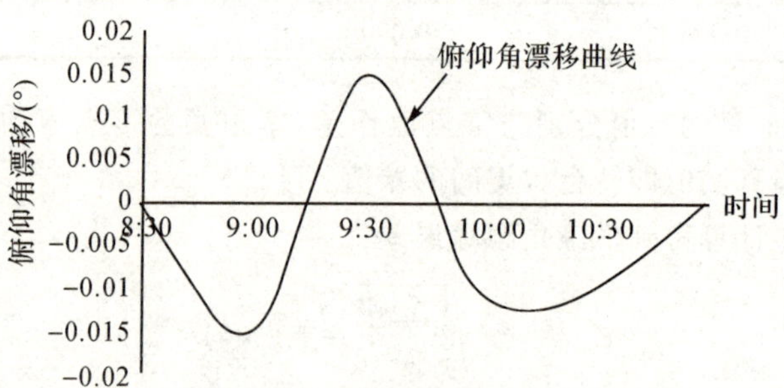

图 5-6　俯仰角漂移精度测试实验数据

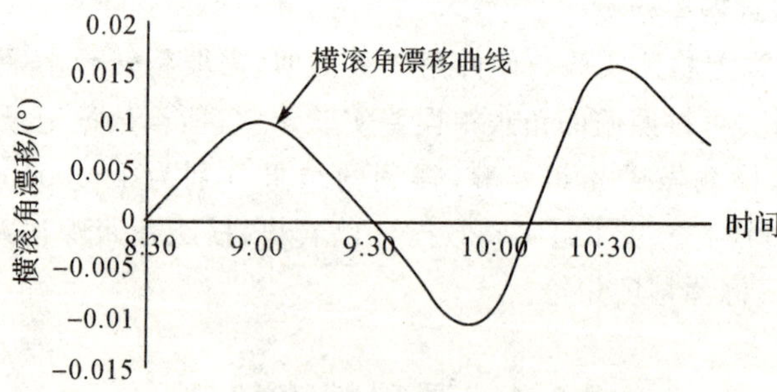

图 5-7　横滚角漂移精度测试实验数据

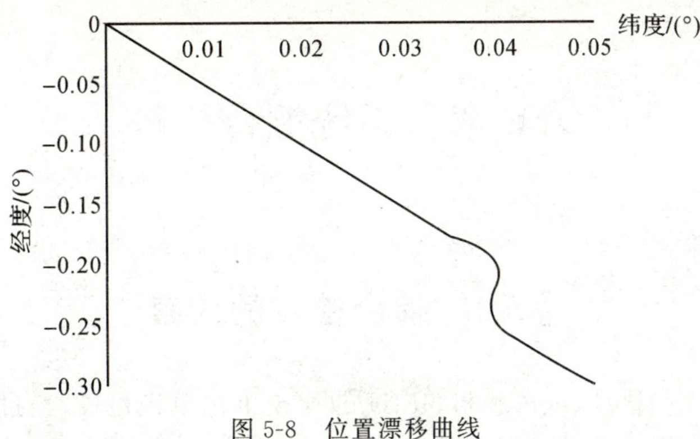

图 5-8　位置漂移曲线

从图示结果可以看到，2.5 小时内，3 个姿态角的漂移具有规律性，即在±0.02°的范围内变动，但是位置却发生了很大的变化，2.5 小时位移达到了25 km，这也充分说明了组合导航的必要性。

第 6 章　系统综合检校

§6.1　综合检校的内容

前面对激光扫描仪、线阵相机、IMU 的检校也称单机检校，经过单机检校后，各核心传感器自身的精度已经得到了改善。车载移动测量系统是多传感器集成系统，系统的精度除了单个传感器的影响之外，还受到集成精度的影响，所以对系统还必须进行综合检校。

目前国内对车载移动测量系统的检校做得比较多的就是综合检校，一般是在动态测量的过程中完成这项任务的。综合检校首先需要建立检校场，可以借助特殊建筑物，例如立面有凸凹设计的高层建筑（见图 6-1），在建筑立面上布设一定数量的特征点，量取这些特征点在点云数据中的三维坐标信息和利用更高精度测量设备获取的这些点的三维坐标信息，通过计算，可得出系统的综合检校参数。

图 6-1　检校场

综合检校的内容主要是标定激光扫描仪与 GPS、IMU 组成的姿态间的相对外方位元素。

§6.2　综合检校的原理

IMU 和 GPS 组合导航的结果是 IMU 在地理坐标系内的外方位元素。激光扫描仪与 IMU 是刚性连接的，激光扫描仪与 IMU 间的相对外方位元素是固定不变的。只要求取激光扫描仪在 IMU 坐标系内的外方位元素，就可以求出激光在某一时刻在地理坐标系下的外方位元素，从而可实现激光点云数据的解算。

点云数据中，只有当目标相对独立出现（如悬空）时，才容易被识别选取。试验表明，人工标志点很难设计和布置，因此一般选取建筑物的自然特征点作为目标点来计算激光扫描仪与 IMU 间的相对外方位元素，只有必要时才进行人工标志点的设计与布设。

§6.3　综合检校的实施

6.3.1　综合检校的流程

综合检校的流程如图 6-2 所示。

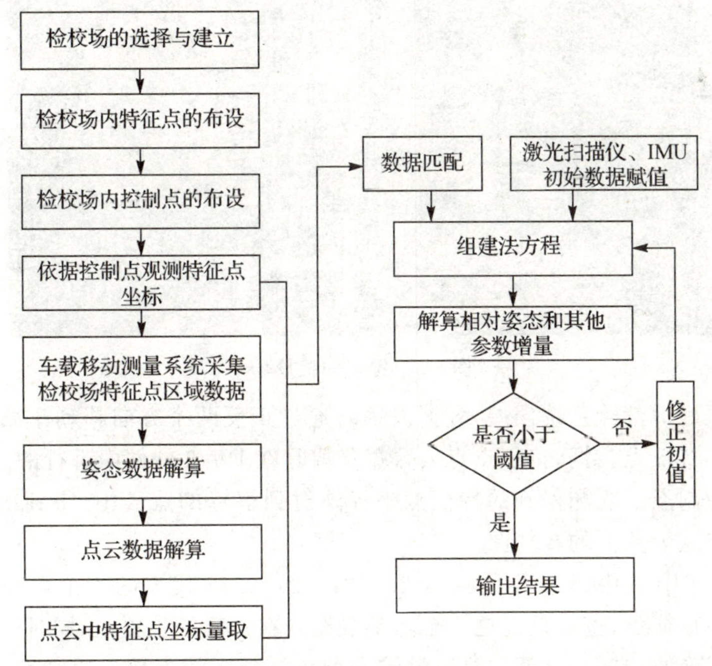

图 6-2　综合检校流程

首先是检校场的选择，然后是特征点及地面控制点的布设，在地面控制点上架设全站仪对特征点进行观测，观测完毕之后用车载移动测量系统对特征点进行观测。车载移动测量数据解算的第一步是组合导航数据(也就是姿态数据)的解算，然后是绝对坐标系(这里采用 WGS-84 坐标系)点云数据的解算，在点云数据中量取特征点坐标采用的是具有自主知识产权的软件 DY-2(具体使用见附录)。综合检校的核心解算是首先给姿态数据赋初值，然后借助两种观测方式得到的特征点数据组成法方程，利用最小二乘原理进行平差计算，得到满足要求的姿态改正数据。

6.3.2 综合检校实验

整个检校场应满足良好的 GPS 信号接收条件，布设的特征点要分布均匀，地面控制点以能较好地观测特征点为准，图 6-3 是本次实验选定的检校场地，其中窗户的框架点将作为特征点。组合导航解算采用 Novatel 公司研制的组合导航计算软件 IE(inertial explorer)，该软件具有很强的适应性，具备事后 GPS 动态差分、动态单点定期、GPS-IMU 松组合、紧组合等功能，组合导航功能还能兼顾处理里程计数据。

图 6-3 选定的检校场

为了更好地消除系统误差，数据采集时通过正反两个方向移动车载移动测量系统来采集特征点数据，特征点点云数据量取是在 DY-2 软件中进行的。

将在控制点上观测得到的特征点坐标映射到解算的点云中，得到图 6-4 所示的控制点与点云数据的叠加图。

在图 6-4 中，椭圆形框中的点号 200、210、211、212 代表的 4 个点处不是窗户框架组成的特征点，也就是说这 4 个点都没有处在正确的位置上，同时图中所有点都偏离了正确的位置。这就需要通过综合检校调整系统参数。通过编写程序，按照综合检校流程计算出综合检校参数，据此重新计算点云数据，然后再将特征点数据映射到新的点云中，得到图 6-5 所示的结果，可以看到，点号为 200、210、211、212 的 4 个点与点云中所示的窗户框架特征点完全重合。这说明经过综合检校之后，从控制点上观测的特征点坐标数据能较好地映射到正确的位置。为了评价综合检校的成果，对实验数据进行了残差统计，数据如表 6-1 所示。

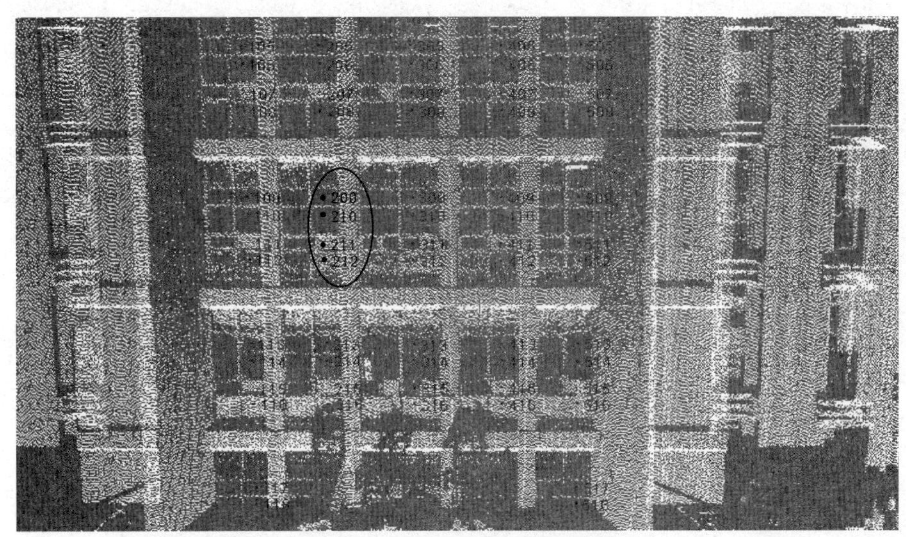

图 6-4　检校前的特征点坐标映射

图 6-5　检校后的特征点坐标映射

表 6-1 综合检校残差统计

点号	X	Y	Z	点号	X	Y	Z
1	−0.118	−0.110	−0.005	31	0.029	−0.054	0.028
2	−0.025	0.038	0.055	32	0.002	−0.049	0.007
3	−0.069	0.032	0.036	33	0.050	−0.022	−0.038
4	−0.052	−0.057	0.043	34	0.004	−0.117	0.031
5	−0.037	−0.048	0.036	35	−0.017	−0.029	0.030
6	0.050	−0.047	−0.017	36	0.074	−0.034	−0.009
7	−0.035	0.083	−0.074	37	0.123	0.007	0.007
8	0.010	−0.041	0.049	38	0.111	−0.025	0.021
9	−0.008	0.040	−0.093	39	0.030	−0.074	0.041
10	−0.034	0.018	0.096	40	0.066	−0.071	0.002
11	0.024	0.045	0.039	41	0.036	−0.006	0.008
12	−0.022	0.035	−0.093	42	0.015	0.016	−0.005
13	−0.028	0.008	−0.081	43	0.026	0.004	0.006
14	−0.010	−0.002	−0.053	44	−0.004	0.011	0.008
15	0.031	0.044	−0.049	45	−0.019	0.011	0.016
16	−0.017	0.122	0.003	46	0.015	0.026	0.033
17	−0.045	0.061	0.098	47	−0.076	−0.035	0.004
18	−0.038	−0.090	0.088	48	−0.009	−0.033	0.016
19	0.054	−0.064	−0.019	49	0.030	0.025	−0.009
20	−0.003	−0.102	0.085	50	0.014	0.008	−0.008
21	−0.010	−0.077	0.002	51	−0.010	−0.050	−0.013
22	−0.034	−0.096	−0.034	52	0.058	0.060	0.002
23	−0.003	−0.080	0.007	53	−0.015	0.026	0.010
24	0.039	−0.015	−0.007	54	0.018	0.033	−0.005
25	0.095	−0.050	0.012	55	0.033	−0.031	0.005
26	0.038	−0.055	−0.015	56	0.040	−0.017	−0.001
27	0.051	−0.055	−0.011	57	0.037	−0.001	−0.001
28	0.019	0.002	−0.031	58	−0.030	0.047	0.026
29	−0.077	−0.027	0.026	59	−0.029	0.006	−0.069
30	−0.014	−0.043	−0.068	60	0.001	0.002	−0.012

经过计算得到综合检校后的特征点坐标残差为

$$M_x = \pm 0.046 \text{ m}$$

$$M_y = \pm 0.052 \text{ m}$$

$$M_z = \pm 0.034 \text{ m}$$

如果想得到更高精度的综合检校结果，可以增加特征点和观测次数。

第7章　激光数据与线阵影像的融合

不同种类的传感器只能提供被观测对象的各个不同侧面的信息，综合这些不同侧面的信息，可以得到从单一传感器中得不到的信息，从而能更全面地获得检测对象的信息，最大限度地挖掘被探测目标和环境的信息[115,116]。我国自主研发的车载移动测量系统以国产三维激光扫描仪和进口的线阵相机两种数据采集传感器为核心，其中激光扫描仪获取的数据具有较好的三维几何特征信息，高分辨率的线阵相机获取的影像具有细腻的纹理信息，两种数据的融合能够提供更丰富的信息——彩色点云（也称彩色云图），该融合数据具有更高的使用价值。而且，彩色点云是将该系统获取的数据用于三维建模的一种重要的辅助信息。

精确的激光扫描仪和线阵相机单机检校为两种传感器数据融合奠定了物理基础。通过检校数据分析可以看出，激光扫描仪的测角精度达到 0.01°，测距精度达到 1.3 cm。线阵相机检校之后消除了畸变差，使影像更加接近于实际地物，便于在扫描线方向上得到更为准确的点云 RGB 颜色信息。

§7.1　点云与线阵影像的融合原理

面阵 CCD 相机与激光点云数据的融合已有相关研究[117-120]，大多数是采用摄影测量的共线方程作为融合模型。也有学者研究了全景线阵影像与激光点云数据的融合研究[121-123]，经过两种传感器之间的坐标关系投影解算得到了彩色点云，但是多传感器集成系统中全景线阵相机的工作原理与单线阵 CCD 相机的工作原理相差较大，相关算法还需要深入研究。在与激光数据融合的问题上，面阵 CCD 相机相对于线阵 CCD 相机要简单一些，一是面阵 CCD 相机的检校比线阵 CCD 相机检校理论较为成熟，实现相对容易；二是面阵 CCD 相机以“面中心投影”方式获取的纹理图像的外方位元素较为稳定，而线阵 CCD 相机以“线中心投影”方式获取的纹理图像，每条线的外方位元素都不同，如果仍按面阵相机的融合思想，将大大增加融合的复杂度。所以本书在线阵 CCD 与激光点云融合问题上提出了避免完全借助每个线阵影像的外方位元素方法，即借助物理办法为二者的数据融合创造必要的条件——平行性绑定结构。

根据车载移动测量系统中激光扫描仪和线阵相机的平行性安装相对关系可知，二者不可能在同一时刻获取同一目标的几何信息和纹理信息，而是随着载体的运动，不同时刻扫描同一物体完成同一目标的数据采集。二者的数据融合不是简单的传感器映射关系，而需要借助 GPS 将两者统一到一个时间系下，然后根据平行性结构的具体相对关系找到激光点云和线阵影像相对于实际地物的对应关系，再进行映射处理，从而生成新的有关此目标地物的解释，而这个解释是从单一传感器获取的信息中无法得到的。由通用参考坐标系下的激光点 $L(p,\alpha)$，求其在线阵 CCD 图像上的像点 $P(n,\alpha)$，并将 P 的 RGB 值赋给 L。实现方法是通过车载移动测量系统的同步设计实现数据的同步采集，根据同一实际目标在激光点云中的时间信息和在线阵影像上对应的时间信息，找到每一个点对应的线阵相机影像，然后借助式(7-1)进行融合计算。

$$x_i = f \cdot \tan\alpha_i \tag{7-1}$$

式中：α_i 为激光点云对应的角度信息，f 为相机的焦距。

通过式(7-1)即可找到每条激光扫描线上每个点云对应的像元，这里可以采用最邻近法，也可以对原始影像按照线性内插方法进行重采样，得到目标像元的 RGB 值。本书采用线性内插法获取每个点云的 RGB 值。

§7.2 可行性探讨及融合前的时空同步

7.2.1 融合方法的可行性探讨

激光扫描仪的工作频率是 3 000 r/min，则相邻圈点云的时间间隔为 0.02 s。当激光扫描仪设置为 200 kHz 的点频时，则每圈有

$$200\times10^3/(3\ 000/60)=4\ 000(\text{点})$$

24 mm 镜头 4096 像元的 TVI 相机的视场角为 80.95°，则在视场角内有约 899 个激光点。当传感器移动速度为 5.56 m/s 时(相当于 20 km/h)，同一时刻的激光扫描线距为 0.11 m。线阵相机的采集频率为 200 线/s，则激光扫描仪每扫一圈，相机拍摄的线数为

$$0.02\times200=4(\text{线})$$

根据以上计算，在图 7-1 中展示了激光扫描线与相机影像线的位置和数量对应关系。

如果每个激光点均可以找到对应的像素，那么在一条影像线上可以找到 225 个激光点，而每条线阵相机影像为 4096 个像元，因此完全能满足需求。GPS 的脉冲频率为 20 Hz，IMU 频率为 200 Hz，每个激光点云的时间和每一时刻激光中心的姿态可以内插求得，由于车载移动测量系统的工作环境是城市道路，姿态相对稳定，所以内插求取的姿态一般能满足精度需求。

7.2.2 融合前的时空同步

SSW 车载移动测量系统充分发挥了国产激光扫描仪和 IMU 便于与厂商沟通

的优势，以 GPS 时间为核心，以激光扫描仪作为各个传感器的衔接主体，让激光扫描仪和 IMU 厂商分别给设备增加一个输出秒脉冲(PPS)，通过秒脉冲将所有传感器的时间同步到 GPS 时间下。激光扫描仪在采集数据过程中不断地接收来自 GPS 的秒脉冲，根据秒脉冲里的时间为每个点云附上时间信息。激光扫描仪同时输出脉冲触发相机，并同时记下这些脉冲发出时的 GPS 时刻(见图 7-2)，完成激光扫描仪和线阵相机的时间同步(同步精度为 1×10^{-5}s)。

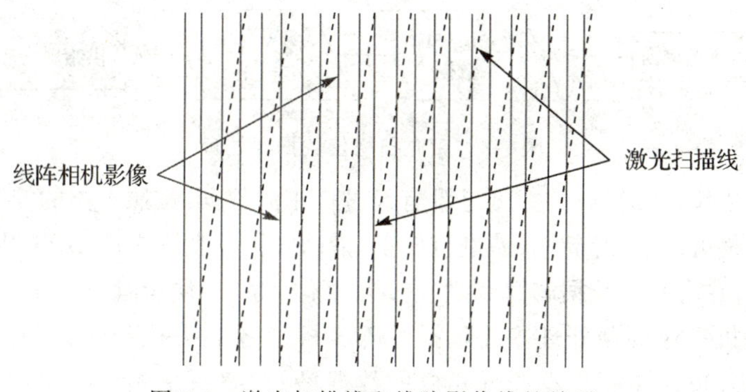

图 7-1　激光扫描线和线阵影像线的关系

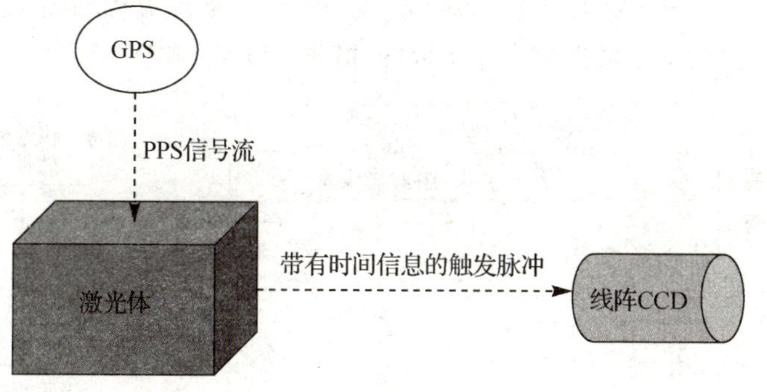

图 7-2　时间同步

空间同步是继时间同步之后的两种传感器数据融合的又一必备条件。空间同步就是确定激光扫描仪任一扫描线对应的线阵相机影像。激光扫描仪与线阵 CCD 相机在传感器的前进方向上有一个偏移量，在传感器扫描时造成两个传感器无法同一时刻扫描同一地物点，因而对于同一地物点激光扫描仪与线阵 CCD 相机在数据获取时存在一定时间间隔，这个时间间隔是由两个传感器之间的相对位置关系和传感器移动速度共同决定的，速度的变化导致这个时间间隔也在不断地变化。但两者在前进方向上的距离间隔很小，所以时间差相对变化不大，故可以借助融合前的人工干预，得到速度稳定时二者的时间对应关系，从而在程序实现时加入这个时间间隔来匹配相应的激光点和线阵影像。

§7.3 融合前的数据预处理

激光扫描仪原始数据和线阵相机影像数据在进行融合之前必须对数据进行预处理,一方面消除误差,另一方面转换成可以直接进行融合的数据格式,预处理流程如图 7-3 所示。

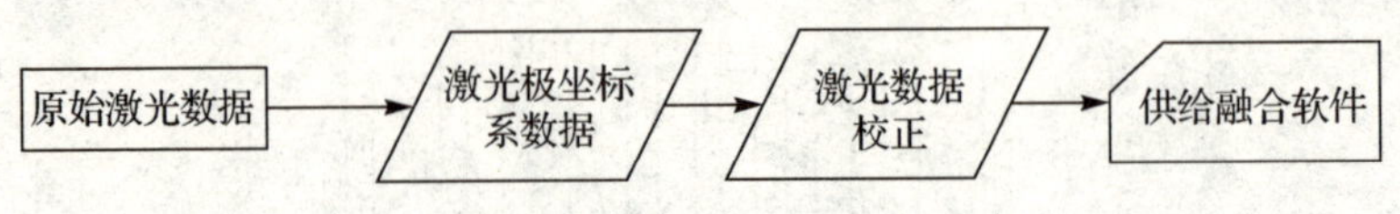

图 7-3 激光扫描仪数据预处理

激光扫描仪直接得到的数据是没有经过校正的数据,按照本书的校正方法,将激光扫描仪的测角误差和测距误差进行校正,借助安置在系统中的 GPS 得到每个点云的时间信息,并将所有数据解算到激光扫描仪坐标系下,便于融合程序直接使用。

线阵相机影像的预处理主要包括线阵相机影像的拼接和颜色调整,以及线阵相机影像的纠正。本书根据线阵相机的数据格式,编写了相应的拼图程序和图像数据转换程序,能将原始采集的 RAW 格式数据转成 12 bit 的 TIF 数据和 8 bit 的 BMP 数据,然后按照一定大小进行拼接。线阵影像预处理流程如图 7-4 所示。经过预处理后的数据为融合数据提供原始数据,格式可以是 BMP 也可以是 TIF。

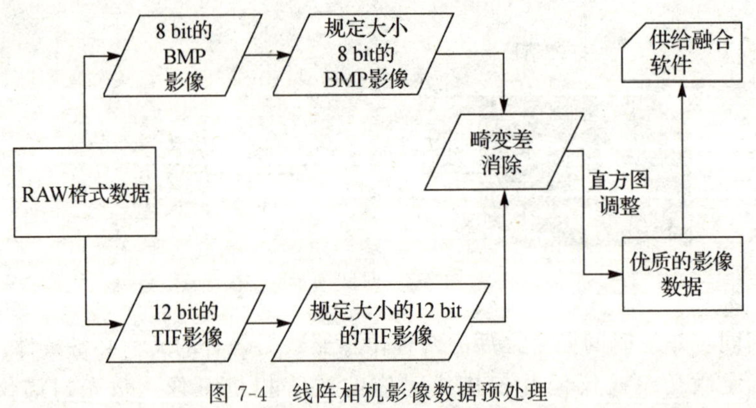

图 7-4 线阵相机影像数据预处理

§7.4 融合流程设计

经过预处理以后,便可以进行激光点云与线阵 CCD 图像数据融合了。融合的计算机程序设计流程如图 7-5 所示。融合后的数据要转换到大地坐标系下,具体转换公式见式(7-2)。

$$\begin{bmatrix} x_P^G \\ y_P^G \\ z_P^G \end{bmatrix} = \begin{bmatrix} x_B^G \\ y_B^G \\ z_B^G \end{bmatrix} + \boldsymbol{R}_P^{G-B}\boldsymbol{R}^{B-L}\begin{bmatrix} x_P^L \\ y_P^L \\ z_P^L \end{bmatrix} \tag{7-2}$$

式中：x_P^G、y_P^G、z_P^G 为目标点 P 在大地坐标系中的坐标；x_B^G、y_B^G、z_B^G 为载体中心(IMU 中心)在大地坐标系中的坐标；x_P^L、y_P^L、z_P^L 为目标点 P 在激光扫描坐标系中的坐标；$\boldsymbol{R}_P^{G-B}$ 为 P 点载体坐标与大地坐标间的旋转矩阵，由组合导航结果的姿态角计算得出；$\boldsymbol{R}^{B-L}$ 为激光扫描坐标与载体坐标间的旋转矩阵，系统传感器安装完成后，此为一定量。

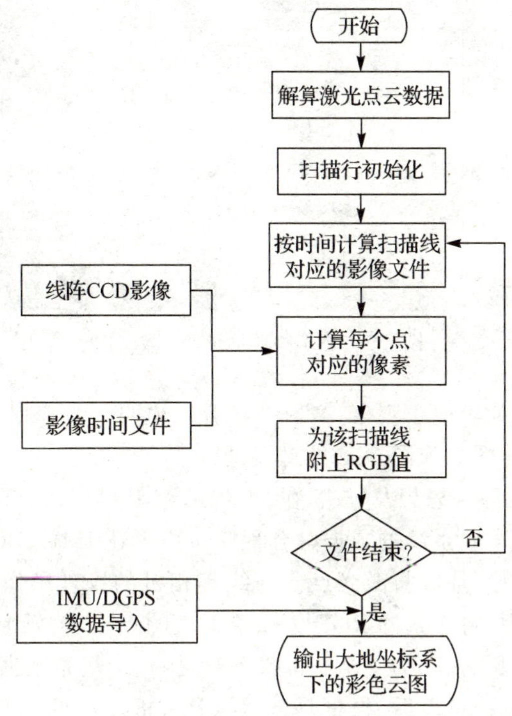

图 7-5　激光点云与线阵 CCD 图像数据融合过程

由激光点求取其对应像点时，像素值一般不是整数，在给激光点赋值时必须进行内插。由于原始影像是规则排列的，因此采用线性内插得到激光点对应的颜色值，并赋给对应的激光点，并根据定位定姿传感器的数据按照式(7-2)将融合后的结果转换到大地坐标系下。

§7.5　融合结果及其分析

以实验场地的一块建筑物墙面点云为例，集成有 GPS、IMU 以及激光扫描仪和线阵相机的平行性刚体结构的传感器装在运动载体上，远离建筑物墙面并平行通过，对建筑物墙面进行数据采集。其中激光扫描仪采集到的数据如图 7-6 所示。

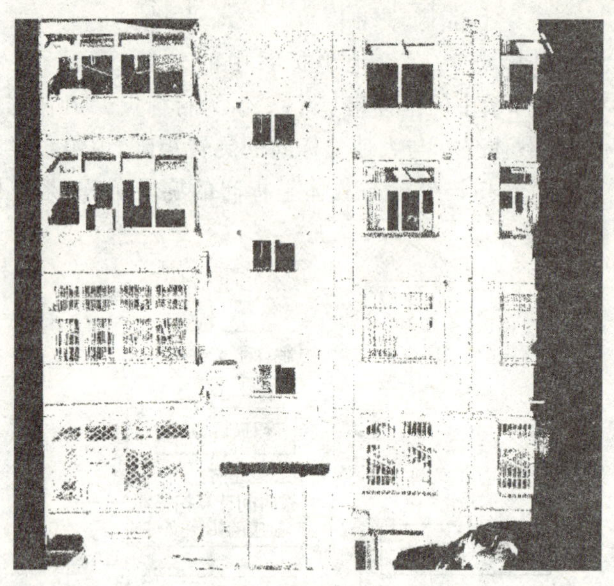

图 7-6 建筑物墙面的点云数据

由于数据量大，为了便于观察，截取一部分来说明。线阵相机采集的影像经过拼接纠正得到对应的图像如图 7-7(见封三)所示。

按照本书提出的融合思想及方法，在 Windows XP 操作系统下，以 Visual C++ 为开发语言，开发了车载系统的数据融合程序。由上述 IMU/DGPS、激光点云、线阵 CCD 纹理影像数据，最终将激光点云与线阵相机的纹理影像一一对应，建筑物墙面经数字图像处理，将像素的 RGB 值赋给对应的点云，生成带 RGB 值的彩色点云数据。图 7-8(a)(见封三)为图 7-6 和图 7-7(见封三)场景数据的融合结果。

给点云附上彩色信息以后，根据局部放大图 7-8(b)(见封三)和图 7-8(c)(见封三)来检查点云是否附值正确，在局部放大图中，图 7-8(b)带有颜色的点云中，选中了梯子的 4 个节点位置，把颜色去掉以后的图 7-8(c)中，这 4 个点的位置仍然落在 4 个节点上，说明点云 RGB 赋值处理基本准确，具体的精度如表 7-1 所示。

利用本方法生成的彩色点云，用于辨别地物时更为直观，在进行三维建模之前，提前给出真彩色的三维场景，也非常便于对地物进行分类，为建模奠定良好的基础。从融合结果来看，大部分点的融合精度在 2 个像素左右，点云的彩色数据主要用于目标地物的识别、分类上。这决定了融合精度没有必要达到亚像素级，目前的精度完全能够满足实际工作的要求。

表 7-1　融合精度检测

点序号	影像行(像素)		
	计算值	量测值	差值
1	2 115	2 113	2
2	2 096	2 097	−1
3	231	231	0
4	1 231	1 228	3
5	792	794	−2
6	1 251	1 253	−2
7	1 517	1 517	0
8	1 815	1 815	0
9	2 047	2 046	1
10	2 194	2 194	0
11	3 266	3 263	3
12	1 297	1 297	0
13	2 245	2 245	0
14	2 514	2 513	1
15	1 305	1 304	1
16	2 011	2 012	−1
17	512	512	0
18	1 193	1 194	−1

激光点云数据与线阵 CCD 纹理影像的数据融合误差主要来自 IMU 与 GPS 系统误差、传感器内部误差、传感器安装误差和时间记录误差。在实验中发现，传感器内部误差和安装误差经空间检校后影响较低[13]，而 IMU/DGPS 数据的定位误差具有较强的系统性，因而激光中心和线阵 CCD 相机中心与 IMU 中心和 GPS 中心的偏心矢量的检校很难达到高精度，这直接影响外方位元素的精度，因此应当进一步提高系统检校的精度，并对 IMU 和 GPS 的影响因子进行检校，作出评估分析。时间记录误差主要表现为时间记录延迟，它影响车载数据处理中的每一个步骤，直接影响最终数据的精度。线阵 CCD 相机的扫描频率高，因而对线阵纹理影像采集的时间精度要求就高，为提高最终数据的精度，除提高系统硬件性能外，在综合检校时还应当一并纳入到数据中进行平差。

§7.6　融合数据的应用实例

目前国内外涌现的车载移动测量系统种类繁多，不同类型的系统应用的领域也不尽相同。SSW 车载移动测量系统采集的信息量大，可以同步采集路面和街道两旁的激光三维数据，路面和车行方向右侧的街景纹理信息也被同步采集下来。运用本书提出的激光扫描仪和线阵相机的检校技术，将原始点云数据进行校正，并与校正后的线阵相机影像融合，生成彩色点云，配准精度在 2 个像素以内，使得该系统完全能够满足工程需要。相比传统的大地测量和航测方法，经过检校以后的车载移动测量系统具有作业周期短、经济效益高等优势[124]。目前移动测量系统 SSW 已在城市三维建模、高速公路监测以及城市部件测量等方面开始应用，并取得了一定的成果，这些成果的取得离不开检校工作和生成的彩色点云。

7.6.1 城市快速三维建模

城市三维建模是数字城市最佳表现形态之一。随着时代的发展，二维数字地图已经不能满足人们生活的需求，更多的城市规划设计、城市三维漫游、建筑设计等迫切需要建立更多、更美观、更贴切的城市三维模型，城市三维模型的覆盖面以及更新手段也需要不断地改进[125]。车载移动测量系统便是其中最为有力的三维信息获取设备之一。

车载移动测量系统 SSW 集成了一台 360°激光扫描仪、两台线阵 CCD 相机、一台 GPS、一台 IMU、一个里程计。激光扫描仪可以获取所到之处的地物几何信息，线阵 CCD 可以获取纹理信息，GPS、IMU 和里程计共同完成系统的导航定位功能，即使是在失锁的情况下，定位精度也可达到 20 cm。为了达到更高的精度，要求在作业过程中每隔 5 km 架一个基站(经验丰富以后可以加大距离减少基站数量)，必要的时候加几个控制点来保证整套系统的精度稳定。

城市三维建模采用倾斜工位 45°进行数据采集，如图 7-9 所示，可以同时扫描到迎面的标志和胡同两侧的标志，效率高。必要时还可以采用来回扫描方式减少扫描漏洞，也可以停下来对某些场景进行转扫，如图 7-10 所示。

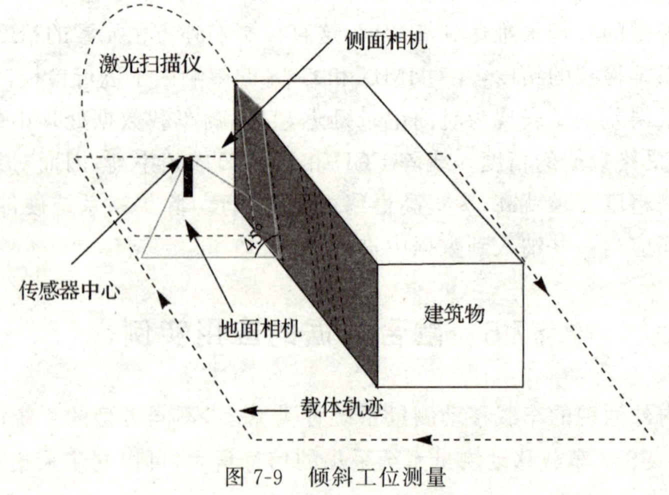

图 7-9 倾斜工位测量

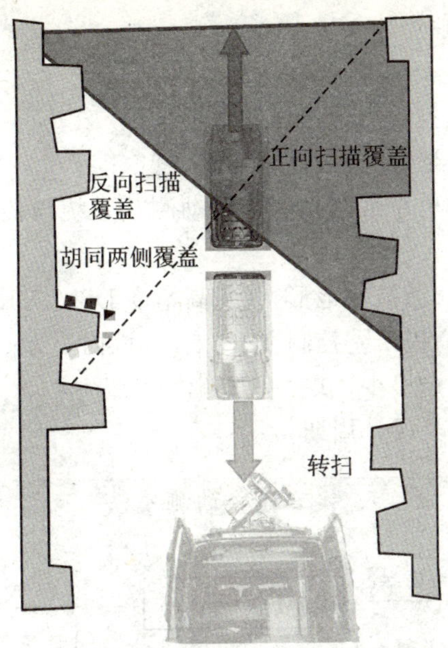

图 7-10　车载移动测图系统作业

以河南南阳以及河北保定两地的实际工程为例，展示目前经过检校之后的高精度车载移动测量系统在三维建模方面的应用进展，如图 7-11（见封三）所示的是在河南南阳用本项目生产的彩色点云数据。

实地作业时，每 5 km 架设一个 GPS 基准站，车速 30 km/h，激光采集频率为 100 kHz，线阵相机采集频率为 100 线/s。采集完数据之后，于室内进行数据处理和校正，并联合导航数据生成彩色点云，为三维建模提供基础数据。

车载移动测量系统可以连续采集数据，采集速度快，还可以推扫、转扫相结合进行数据采集，采集到的数据是连续的，不需要拼站，只要计算机性能满足要求就可以将点云数据打开进行各种操作。

进行人机交互式矢量化处理时，由于目前系统自带的后处理软件功能较弱，实施建模还只能借助第三方软件。

7.6.2　公路勘察

车载移动测量系统 SSW 专门设计了地面纹理采集的线阵 CCD，可以清晰地采集地面纹理并保存到计算机里面，经过校正后的线阵相机影像已经与激光点云数据进行了数据融合，生成的彩色点云详细记录了公路勘察所需的所有高程信息，另外，纹理信息可以用于制作直观的三维模型，辅助公路勘察，更好地为公路勘察服务。传统用于公路勘察的方法常见的是航测法，对相关文献[126]进行研究后，图 7-12列出了车载 LiDAR 测量方法与航测法的流程对比，并总结出基于传统航测的公路勘察具有以下缺点。

(1)工作周期长。

(2)需进行大量地面控制测量及详细测量工作。

(3)植被和阴影覆盖地区,地表高程不真实。

经过实践检验,总结出车载激光雷达移动测量系统与传统航测手段相比用于公路勘察具有以下优点:

(1)可以分离出建筑、植被和地形,得到高精度 DSM、DEM 等数据。

(2)消除植被影响,高程误差控制在±2.5 cm 以内。

(3)需要的地面验证点极少,节省人力、财力。

(4)缩短约 1/3 的勘察设计周期。

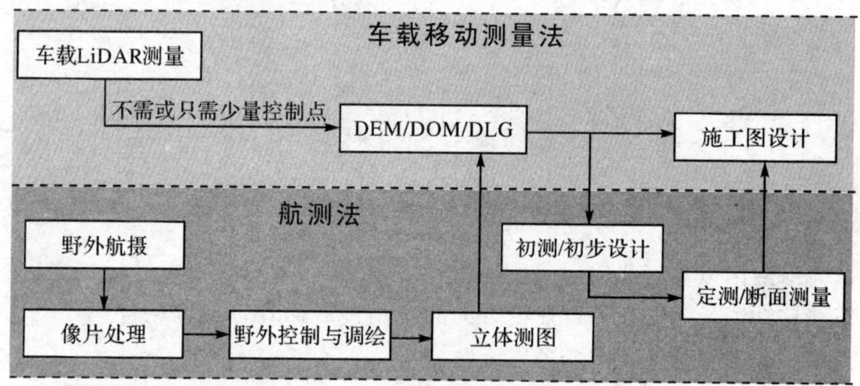

图 7-12 航测法和车载移动测量系统的对比

目前,车载移动测量系统 SSW 已有用于道路监测的成功案例,下面是在呼和浩特和河北两地进行的工程,具体的精度分析如图 7-13 和表 7-2、表 7-3 所示。

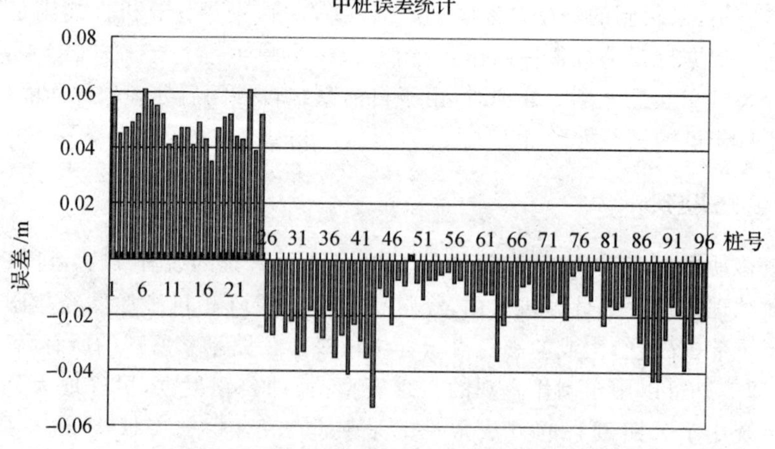

图 7-13 呼和浩特高速公路扩建改造测量精度

表 7-2　京珠高速入口控制点检查精度统计

点个数	M_x/m	M_y/m	M_z/m	备注
54	0.022	0.022	0.017	2 cm 以上 6 个点、2 cm 以下 48 个点

表 7-3　京珠高速里程 133 km 处检查精度统计

点个数	M_x/m	M_y/m	M_z/m	备注
125	0.059	0.047	0.019	其中 3 cm 以上 8 个点 2～3 cm 之间 29 个点 2 cm 以下 88 个点 平面位置误差较大是由于量测的原因

1. 呼和浩特高速公路扩建改造

车载移动测量系统应用于呼和浩特高速公路扩建改造，3 天完成 50 km 的线路勘察，第四天得到数据解算结果，而利用传统方法需要投入 20 人，历时 3 个月才能完成。

与现场测量资料的初步对比，中桩高程精度误差小于 0.03 m 的占 80%，完全满足设计中 1∶2 000 的测图需要。

呼和浩特高速公路扩建的点云如图 7-14 所示。

图 7-14　呼和浩特高速公路扩建点云

将当地现有的控制点展绘到点云图上，然后与点云测得的相应点进行对比（见图 7-15），目的一是可以检验车载移动测量系统的精度，二是可以利用这些点作为控制点来提高整个点云的精度，为高速公路扩建提供更高精度的基础数据。

图 7-15　呼和浩特高速公路扩建点云(加控制点)

2. 河北的高速公路监测

以京珠高速石家庄段为例，在京珠高速保定入口控制场利用系统独立地对控制场进行了扫描和精度检测。点云精度统计如表 7-2、表 7-3 所示。

在京珠高速里程 131～141 km 处进行实验，并在 133 km 处附近 1 km 布设 125 个检查点，精度检测结果如表 7-3 所示。

由于高速公路上方的 GPS 信号好，几乎没有失锁现象，所以测量精度较稳定，精度完全满足 1∶500 比例尺地形图测量的要求。

7.6.3　城市市政设施(部件)的快速数据采集

车载移动测图系统 SSW 集成的激光扫描仪可获取三维信息，激光扫描仪本身带有反射强度值，利用本书提出的彩色点云生成方法，该系统获取的数据为城市市政部件测量提供了良好的数据源，经过单机检校和系统集成标定之后，借助高精度导航数据使得该系统绝对平面精度达到 5 cm 以内，高程精度达到 3 cm 以内，信号好的地方能达到 2 cm 以内，完全能满足城市部件测量的要求。

目前该车载移动测量系统已经在北京市南二环地段和海南省三亚城区开展了城市部件测量工程。可用于获得井盖、斑马线、路灯杆等道路部件的真实位置，如图 7-16、图 7-17 所示。

在点云工作站 DY-1 中可以精确地测出部件的三维信息。将外业带到室内来做，不再受天气条件的限制，既可提高作业效率，又能大大解放劳动力。

图 7-16　三亚测区部件测量显示

(a) 获得交通地标的位置

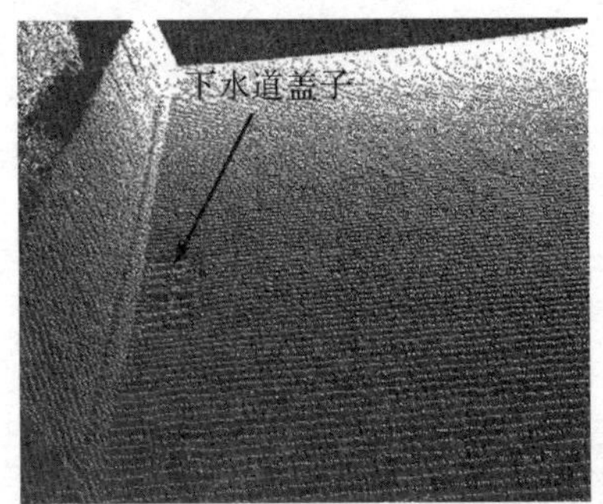

(b) 市政设施点云

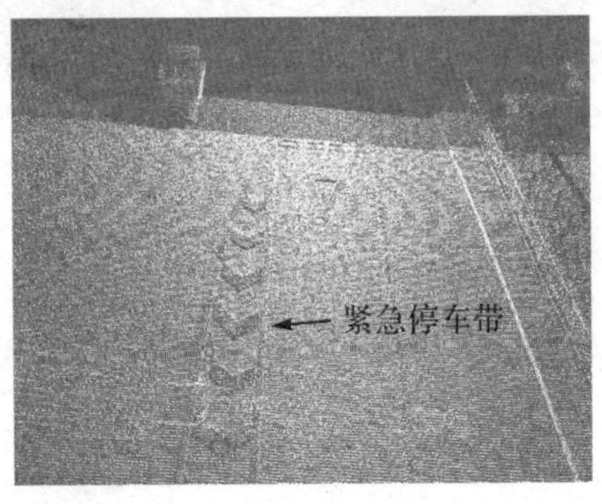

(c)

图 7-17　主要交通路标的点云

车载移动测量系统在我国已经有近十年的发展历程，但是一直未能像加拿大和奥地利等国家的车载移动测量系统那样被生产部门所广泛采用，更没有走向国际市场。关键问题在于没有克服车载移动测量系统精度低、系统不稳定、作业经验不足等多种问题。

本章结合本次研发的车载移动测量系统的特点，提供了几种应用实例，在公路勘察应用方面与航测方法进行了对比，结果显示车载移动测量系统用于公路勘察具有不可比拟的优势。在公路勘察和城市道路部件测量中已经有成功案例。本章的工程成果是对本书提出的检校方法的肯定，同时对我国实际应用具有自主知识产权的车载移动测量系统提供了案例，其中的经验可以为同类产品的应用提供参考。

第8章　结束语

§8.1　本书的主要工作

建立了一套较为完备的车载移动测量系统检校理论和方法。具体完成了以下工作。

(1)在对成熟的车载移动测量系统分析的基础上，系统地研究了国产车载型RA-360系列地面激光扫描仪的误差来源，定义并测定了锥扫角；针对RA-360的结构特点和工作原理建立了360°激光扫描仪的角度测量误差模型和距离测量误差模型，并设计了相应的误差检校方案；提出了基于全站仪和基于高精度数控转台进行激光扫描仪角度检校的方法，并根据实验结果对两种方法作出了评价；详细地分析了脉冲法激光扫描仪测距的误差来源，给出了一套针对脉冲激光扫描仪测距检校的理论和方法，首次将反射强度对距离的影响纳入测距检校模型中，实践证明该模型具有较高的可靠性和较强的实用性。

(2)根据线阵相机的工作特点和RA-360型激光扫描仪的特性，设计了激光扫描仪和线阵相机的平行性构架，给出了基于车载移动测量系统实现平行性构架的原理，并实现了二者的刚性平行；提出了基于车载激光扫描仪的动态高精度线阵相机的标定思想，实现后获得的数据结果显示该方法比现有的线阵CCD检校方法具有更大的优势，能达到更高的精度要求。

(3)给出了高精度IMU检测的内容、原理与方法，对车载移动测量系统的综合检校进行了探讨，给出了一套综合检校流程。经验证，该方法可靠，能有效改善系统精度。

(4)基于检校后的激光扫描仪和线阵相机，提出并实现了二者数据融合的思想，初步得到了彩色点云。结合已经完成的项目给出了彩色点云和以该刚性结构为核心的车载移动测量系统的应用现状和达到的精度。

§8.2　本书的突出贡献

首次系统全面地对360°激光扫描仪进行了检校。建立了相应的角度检校模型和距离检校模型。关于角度检校模型提出了两种高效的检校方法——基于全站仪的实验室方法和基于数控转台的方法，前者将角度测量精度提高90%左右，后者提高达 98%。建立了新的测距误差检校模型,首次将反射强度对距离的影响纳入模型之中,该模型将 RA-360 激光扫描仪的测距精度提高到 1.3 cm。

创造性地提出并实现了刚性平行性结构,并基于该结构提出了一种新的线阵 CCD 检校方法,该方法精确得到了线阵 CCD 相机的内方位元素和畸变参数。

基于平行性构架与检校后的激光扫描仪和线阵相机,提出了一种数据融合的物理方法,有别于传统的借助外方位元素进行数据融合的思想,该方法效率高,融合精度在 2 个像素以内。

§8.3 展 望

车载移动测量系统的检校问题是在研究我国自主研发的车载移动测量系统的过程中提出的,也是国产移动测量系统必须解决的问题,尽管本书对这两项内容进行了深入的研究,但仍然存在以下不足之处,需要作进一步的研究。

(1)车载移动测量系统检校理论体系已经建立,目前检校方法繁琐,特别是检校的自动化仍是一个问题,克服这些问题需要建立一套完备的车载移动测量系统检校理论方法体系。由于检校内容繁多、数据量大,因此检校的后处理程序也有待于进一步优化。

(2)本书提出的数据融合方法依赖于当前的硬件条件。随着系统的不断改进,仍需提出更为高效的融合方法。

(3)车载移动测量系统的实际应用效率还有待提高,特别是在三维建模方面的应用研究将是下一个研究的重点。

附录　点云工作站 DY-1/DY-2

点云工作站 DY-1(dianyun-1)是由首都师范大学和北京四维远见信息科技有限公司联合开发的点云查看和编辑系统,其中主要软件是 DY-1 和 DY-2,具有自主知识产权[127]。DY-2 是 DY-1 的升级版,具有更快的浏览速度、更完善的测图及编辑功能。

1. 点云工作站的硬件平台

点云工作站的硬件设备主要由计算机系统、立体观测装置、其他外围设置等组成,如图附-1 所示。

图附-1　DY-1 点云工作站的硬件平台

计算机系统硬件配置如下。

CPU:Intel Pentium Ⅳ、主频 3.0 GHz 以上;

内存容量:1 GB 以上;

硬盘容量:120 GB 以上;

显示卡:具备立体显示功能,显存 256 M 以上;

显示器:纯平彩色显示器,场频 100 Hz 以上。

立体观测装置由立体成像驱动器、液晶立体眼镜等外设组成,如图附-2 所示。

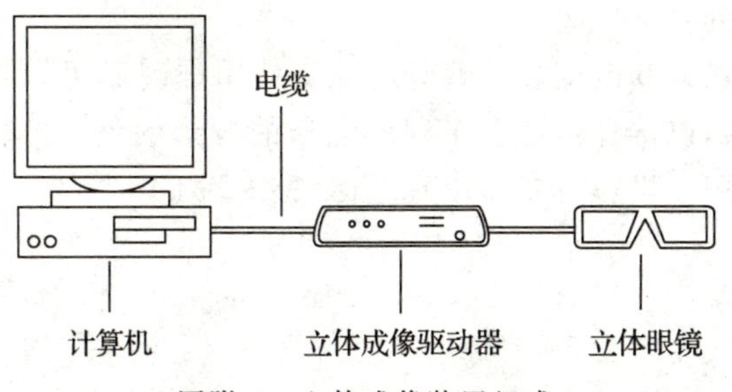

图附-2　立体成像装置组成

三维量测装置用于在立体观察下量测模型点的空间坐标。由手轮、脚盘和脚踏板组成，作业方式与传统数字立体测图相类似。

三维视图的平移、缩放、旋转操作对于桌面鼠标操作来说不是一件简单的事，系统因此集成了 3Dconnexion 公司的一款专为三维模型设计专业人士所开发的高性能小型鼠标产品 SpaceNavigator。它支持三维视图的 6 轴变换，通过推、拉、倾斜或转动 SpaceNavigator 的操控器，就能对三维物体和环境进行同步平移、缩放和旋转。目前很多三维软件都集成了这个产品，如 Google Earth。

2. DY-1 的主要功能

DY-1 工作时的主界面如图附-3 所示，有关功能简单介绍如下[128]。

图附-3 DY-1 的主界面

（1）导入数据。目前该软件可以支持的数据格式有（X,Y,Z,I）文本数据格式，分别是 X、Y、Z 坐标和该点的强度信息；自有的二进制数据格式；（X,Y,Z,T,R,G,B,I,M,N）文本数据格式，代表某一点的三维坐标、时间信息、彩色 RGB 值、强度值以及行列号。

（2）立体查看点云和改变显示背景功能。使用按键 B 可以在 4 种不同的显示背景之间来回切换，以选择最适合于观察点云的背景颜色。本软件还具备立体观察点云的功能，采用双投影方式获取真立体（见图附-4）。

图附-4　DY-1 中的立体点云

(3)显示彩色点云。使用按键 X 可以使点云以彩色模式显示出来，再按 X 键则取消彩色显示，彩色点云的显示效果如图附-5(见封三)、图附-6 所示。

图附-6　DY-1 中的二值点云

(4)改变点云显示的视图模式及量测点的功能。选择“视图(V)”→“视图设置”菜单项，在级联菜单中可以选择需要的视图模式，主要有顶视图、底视图、左视图、右视图、前视图、后视图、三维显示，以及点云打开的初始状态视图等。该系统还有测量单个点位信息的功能，选择“工具”→“测量”菜单项，即可对感兴趣的点进行量测，量测值会在图附-7 所示的“Measure point”对话框中显示出来，可以保存和删除这些点的信息。量取点的功能对于激光扫描仪和线阵相机的检校十分有用。

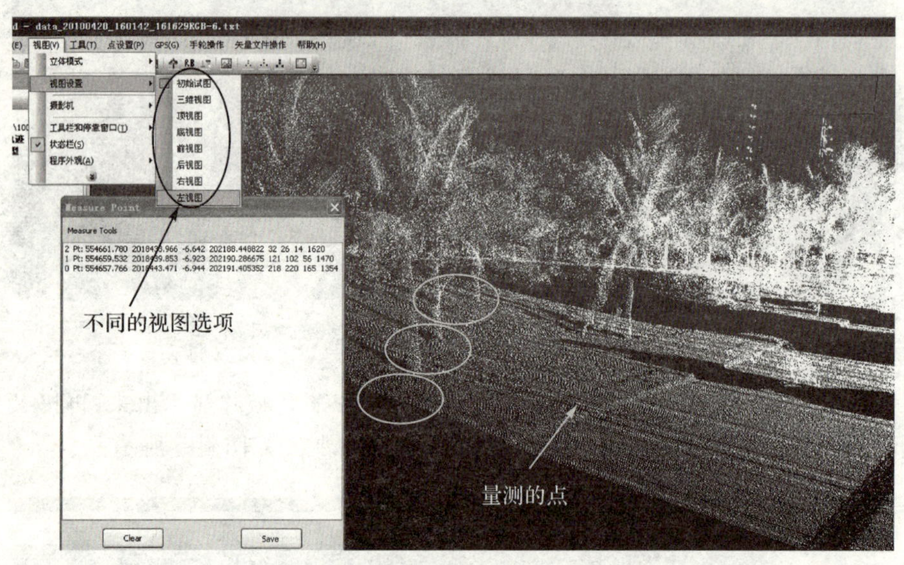

图附-7 DY-1 的测量点功能

(5)点云的旋转、平移、缩放。按下鼠标左键并拖动，可旋转点云的观察角度；按下鼠标中键并拖动，可平移点云；滚动鼠标中键上的拨轮，可使点云的显示场景放大或缩小。

(6)点云的翻转。使用键盘上的 4 个方向键，可以分别使点云上翻、下翻、左翻、右翻。

(7)云图矢量化和人工辅助分类。矢量化功能是点云建模的前提。矢量化时，可以选择多种绘制类型，如点、多段线、平面等(见图附-8)。可以保存为 AutoCAD 兼容的格式，能将数据导入 AutoCAD 中进行处理(见图附-9)。

图附-8　DY-1 的矢量化功能

图附-9　DY-1 的矢量保存

(8)人工交互分类功能。如图附-10 所示,点云的矢量化和分类功能是点云数据用于建模的辅助前提,DY-1 按照国标建立了自己的分类标准。矢量化和分类后的数据可以导出,用来与其他软件(如 AutoCAD、3ds Max 等)进行协调作业,共同完成建模。

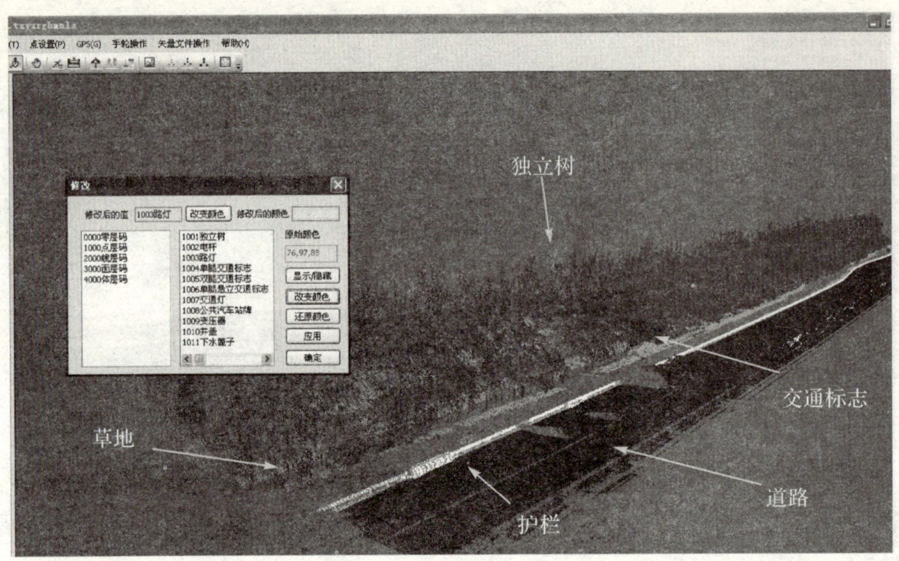

图附-10　DY-1 的分类功能

3. DY-2 的主要功能

DY-2 是 DY-1 的升级版，相比于 DY-1，DY-2 在软件方面具备更完善的分类测图功能，具有以下几个特点。

(1)更快的浏览速度。DY-2 采用了空间索引的一些算法，例如八叉树、BSP 树、R 树等。其浏览速度大大改进，完全可以与目前国际通用的 Pointools 等点云浏览和编辑软件相媲美。

(2)有更多的浏览方式。可以浏览同一块点云的彩色模式图像(见封三图附-11)、二值模式和灰度模式(见图附-12)。

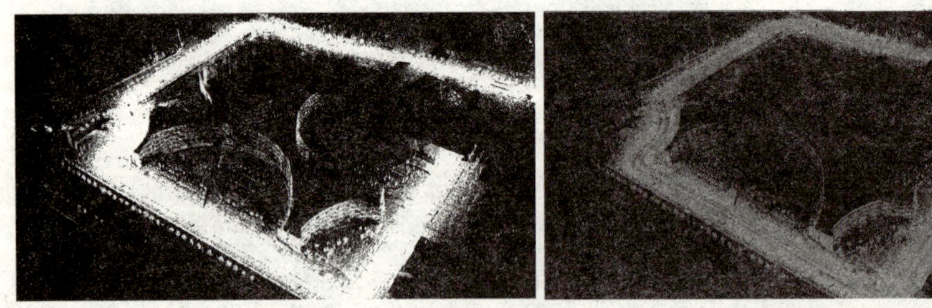

(a) 二值模式　　(b) 灰度模式

图附-12　同一块点云的二值模式与灰度模式图像

(3)更强大的分类和测图功能。具备 1∶500 比例尺国标分类功能，为该系统的测图功能起到了很好的辅助作用。

DY-2 还具备按高程分类的功能，这样可以非常方便地去除平坦地面信息。通过高程设置窗口(见图附-13)，用户可随时调整显示范围，便于判读地物。

图附-13　DY-2 强大的分类功能

DY-2 的测图模块还在不断地完善，该软件必将在 LiDAR 数据处理和应用方面大有作为。

图附-14　按高程 30 m 以上分类显示地物

参考文献

[1] 卢秀山，李清泉，冯文灏，等. 车载式城市信息采集与三维建模系统[J].武汉大学学报：工学版，2003，36(3)：76-80.

[2] 张小红. 机载激光雷达测量技术理论与方法[M].武汉：武汉大学出版社，2007.

[3] GREJNER-BRZEZINSKA D A. Direct Sensor Orientation in Airborne and Land-based Mapping Applications [J].Columbus，OH(USA)：Geodetic GeoInformation Science，2001：461.

[4] BARBER D，MILLS J，BRYAN P. Laser scanning and photogrammetry：21st century metrology [C].In CIPA Symposium，2001.

[5] 韩友美，王留召，钟若飞. 基于激光扫描仪的线阵相机的高精度标定[J].测绘学报，2010，39(6)：631-635.

[6] ELLUM C M，EL-SEIMY N. Land-Based Integrated Systems for Mapping and GIS Applications [J].Survey Review，2002，68(1)：13-28.

[7] ZHAO Huijing，SHIBASAKI R. Updating digital geographic database using vehicle-borne laser scanners and line cameras [J].Photogrammetric Rngineering&Remote Sensing，2005，71 (4)：415-424.

[8] ZHAO Huijing，SHIBASAKI R. Reconstructing a textured CAD model of an urban environment using vehicle-borne laser range scanners and line cameras [J]. Machine Vision and Applications，2003(14)：35-41.

[9] 曾剑生，陈峻峰，谢旭阳. 三维激光测量车技术及其应用[J].科学时代，2010，21：108-109.

[10] EL-SEIMY N. The Development of VISAT-A Mobile Survey System for GIS Applications[D]. University of Calgary，Calgary，Canada，1996.

[11] EL-SEIMY N，SCHWARZ K P. Navigating Urban Areas by VISAT- A Mobile Mapping System Integrating GPS/INS/Digital Cameras for GIS Applications[J] Navigation，1998，45(4)：275-285.

[12] HUNTNER G，COX C，KREMER J. Development of A Commercial Laser Scanning Mobile Mapping System- StreetMapper[C]. Processing of 2nd International Workshop of the future of Remote Sensing，2006：36.

[13] 李永强，盛业华，刘会云，等. 基于车载激光扫描的公路三维信息提取[J].测绘科学，2008，33(4)：23-41.

[14] CHEN Xin，STROILA M. Next Generation Map Making：Geo-Referenced Ground-Level LiDAR Point Clouds for Automatic Retro-Reflective Road Feature Extraction [C]. Proceedings of the 17th ACM SiGSPATIAL International Conference on Advances in Geographic Information Systems，2009：488-491.

[15] 麦照秋，陈雨，郑祎，等. IP-S2 移动测量系统在高速公路测量中的应用[J].测绘通报，2010(12)：23-26.

[16] 李德仁，胡庆武，郭晟，等. 移动道路测量系统及其在科技奥运中的应用[J].科学通报，

2009(3):312-320.

[17] 李德仁. 移动测量技术及其应用[J].地理空间信息,2006,4(4):1-5.

[18] 李德仁,郭晟,胡庆武. 3S 集成技术的 LD2000 系列移动道路测量系统及其应用[J].测绘学报,2008,37(3):272-276.

[19] 王冬,卢秀山,刘凤英,等. 一种城市三维建模的新途径[J].工程勘察,2007(8):49-53.

[20] 孟昭山,赵锐. 激光扫描应用的关键技术问题综述[J].测绘与空间地理信息,2009,32(6):60-62.

[21] 杨勇. 车载三维激光点云数据与 CCD 相机纹理影像数据的融合[D].北京:首都师范大学,2010.

[22] 狄彩云,叶泽田,翼翼,等. 城市空间三维数据信息获取技术[J].地理空间信息,2007,5(5):53-56.

[23] 王贵宾. 车载激光三维信息获取与数据处理[D].北京:首都师范大学,2007.

[24] 梁诚. 面向 GIS 的车载空间数据采集系统研究[D].南京:南京师范大学,2008.

[25] LEE S Y,CHOI K H,JOO I H,et al. Design and Implementation of 4S-Van:A Mobile Mapping System[J].ETRI J,2006,28(3):265-274.

[26] LEE S Y,CHOI K H. A Prototype Mobile Mapping System for GIS[J].Korean Journal of Remote Sensing,2003,19(1):91-97.

[27] ELLUM C,EL-SEIMY N. Land-based Mobile Mapping Systems [J].Photogrammetric Engineering & Remote Sensing,2002,68(1):13-17.

[28] ELLUM C,EL-SEIMY N. The Development Of A Backpack Mobile Mapping System[J].International Archives of Photogrammetry and Remote Sensing,2000(33):184-191.

[29] 李树楷. 遥感时空信息集成技术及其应用[M].北京:科学出版社,2003.

[30] 陈利,贾友,张尔严. 激光雷达技术及其应用[J].河南理工大学学报:自然科学版,2009,28 (5):583-586.

[31] 马立广. 地面三维激光扫描仪的分类与应用[J].地理空间信息,2005,3(3):60-62.

[32] HOVENBITZER M,SCHLEMMER H. A line-scanning theodolite-based system for 3D applications in close range [J]. Optical 3D Measurement Techniques IV, Wichmann-Verlag,Heidelberg,1997:339-345.

[33] AMANN M,BOSCH T,LESCURE M,et al. Laser ranging:a critical review of usual techniques for distance measurement[J].Opt Eng,2001,40 (1):10-19.

[34] 陈允芳,叶则田. 多传感器组合的移动车载数据采集系统研究[J].传感器与微系统,2006,25(12):23-25.

[35] 魏波,张爱武. 车载三维数据获取与处理系统设计与实现[J].中国体视学与图像分析,2008,13 (1):30-33.

[36] 谢瑞,胡敏捷,程效军,等. 三维激光 HDS3000 扫描仪点位精度分析与研究[J].遥感信息,2009(6):53-84.

[37] 钱建国,赵军武,唐为刚,等. 三维激光扫描仪获取的数据处理与应用研究[J].矿山测量,2009(6):44-46.

[38] 吴静,靳奉祥,王健. 基于三维激光扫描数据的建筑物三维建模[J].测绘工程,2007,16(5):57-60.

[39] 刘春,张蕴灵,吴杭彬. 地面三维激光扫描仪的检校与精度评估[J].工程勘察,2009,37(11):56-60.

[40] 郑德华,沈云中,刘春. 三维激光扫描仪及其测量误差影响因素分析[J].测绘工程,2005,14(2):33-34.

[41] 郑德华,雷伟刚. 地面三维激光影像扫描测量技术[J].铁路航测,2003(3):26-28.

[42] 罗德安,朱光,陆立,等. 基于三维激光影像扫描技术的整体变形监测[J].测绘通报,2005(7):40-42.

[43] 廖立琼,罗德安. 地面激光雷达的数据处理及其精度分析[J].四川测绘,2004,27(4):153-155.

[44] BOEHLER W, VICENT B M, MARBS A. Investigating Laser Scanner Accuracy[J]. Proceedings of XIXth CIPA Symposium, Antalya, Turkey, 2003, 34(5):696-701.

[45] GIELSDORF F, RIETDORF A, GRUENDIG L A. Concept for the Calibration of Terrestrial Laser Scanners[J].Proceedings of FIG Working Week, Athens, Greece, 2004(5):22-27 .

[46] LICHTI D D. Error modeling, calibration and analysis of an AM-CW terrestrial laser scanner system[J].ISPRS J Photogrammetry and Remote Sensing, 2007, 61(5):307-324.

[47] LICHTI D D. A method to test differences between additional parameter sets with a case study in terrestrial laser scanner self-calibration stability analysis [J]. ISPRS Photogrammetry and Remote Sensing, 2008, 63(2):169-180.

[48] LICHTI D D, BRUSTLE S, FRANKE J. Self-Calibration and Analysis of the Surphaser 25HS 3D Scanner[D].Proceedings of FIG Working Week, Hong Kong SAR, China, 2007(5):13-17.

[49] LICHTI D D, FRANKE J. Self-calibration of the iQsun 880 laser scanner[J]. Optical 3D Measurement Techniques, 2005, 5(1):112-122.

[50] LICHTI D D, GORDON S. Error Propagation in Directly Geo-referenced Terrestrial Laser Scanner Point Clouds for Cultural Heritage Recording[D]. Proceedings of FIG Working Week, Athens, Greece, 2004(5):22-27 .

[51] LICHTI D D, GORDON S, TIPDECHO T. Error Models and Propagation in Directly Georeferenced Terrestrial Laser Scanner Networks[J].J Surv Eng, 2005(11):135-142.

[52] LICHTI D D, HARVEY B. The Effects of Reflecting Surface Material Properties on Time-of-Flight Laser Scanner Measurements [J]. Symposium on Geospatial Theory, Processing and Applications, Ottawa, 2002(2):113-118.

[53] LICHTI D D, LICHT M G. Experiences with terrestrial laser scanner modeling and accuracy assessment [J]. Proceedings of ISPRS Commission V Symposium Image Engineering and Vision Metrology, Dresden, Germany, 2006, 36(5):155-160.

[54] LICHTI D D, STEWART M, TSAKIRI M, SNOW A J. Benchmark Tests on a Three-Dimensional Laser Scanning System[J].Geomat Res Australas, 2000(12):1-24.

[55] 王冬,冯文灏,卢秀山. Nikon D1X 相机检校[J].测绘科学,2007,32(2):33-34.

[56] 冯文灏. 近景摄影测量[M].武汉:武汉大学出版社,2004.

[57] 谢文寒,张祖勋. 基于多像灭点的相机定标[J].测绘学报,2004,33(4):335-340.

[58] 林宗坚,崔红霞. 数码相机的畸变差检测研究[J].武汉大学学报:信息科学版,2005,30(2):122-125.

[59] 刘金国,李杰,郝志航. 三线阵 CCD 相机亚像元精度几何标定方法研究[J].光电工程,2004,31(1):36-39.

[60] 吴国栋,韩冰,何煦. 精密测角法的线阵 CCD 相机几何精密测角法的线阵 CCD 相机几何参数实验室标定方法[J].光学精密工程,2007,15(10):1628-1632.

[61] CHEN Tianen, SHIBASAKI R, MURAI S. Development and calibration of the airborne three-line scanner (TLS) imaging system[J]. Photogrammetry and Remote Sensing, 2003,69(1):71-78.

[62] FRITSCH D, KRAUS D. Calibration of a CCD Line Array of a Digital Photo Theodolite System[J].Optical 3D Measurement Techniques IV, Wichmann-Verlag, Heidelberg, 1997(6):9-16.

[63] TECKLENBURG W, LUHMANN T. Potential of panoramic view generated from high-resolution frame images and rotation line scanners[J]. Optical 3D Measurement Techniques, 2003,6(2):114-121.

[64] MAAS H G, SCHNEIDER D. Photogrammetric processing of 360° panoramic images-geometric modelling of the EyeScan M3 Gigapixel camera[J], GIM International-lobal magazine for geomatics. 2004(18): 7.

[65] SCHNEIDER D, MAAS H G. Geometric modelling and calibration of a high resolution panoramic camera.[J].Optical 3D Measurement Techniques, 2003b, 6(2):122-129.

[66] PARIAN A, GRüN J A. A sensor model for panoramiccameras[J]. Optical 3D Measurement Techniques, 2003, 6(2):130-141.

[67] REULKE R, SCHEEL M. CCD-line digital imager for photogrammetry in architecture [J].Archives of Photogrammetry and Remote Sensing, 1997, 31(5C18):195-201.

[68] HORAUD R, MOHR R, LORECKI B. On Single-Scan line Camera Calibration [J].IEEE Transactions On Robobtics And Automation, 1993, 9(1):71-74.

[69] 曲文乾,翼翼,胡晓乐. 线阵相机在车载三维信息采集系统中的检校分析[J].首都师范大学学报:自然科学版,2008,29(5):9-11.

[70] 曲文乾. INS/DGPS 支持的车载线阵 CCD 标定方法的研究及应用[D].北京:首都师范大学,2009.

[71] 李俊伟,邓文怡,刘力双. 一种线阵 CCD 检测系统的调整和标定方法[J],现代电子技术,2009(11):141-144.

[72] 张洪涛,段发阶. 基于两步法线阵 CCD 标定技术研究[J].计量学报,2007,28(4):311-313.

[73] 陈允芳,叶泽田,谢彩香,等. IMU/DGPS 辅助车载 CCD 及激光扫描仪三维数据采集与

建模[J].测绘科学,31(5):91-92.

[74] 石波.非线性滤波理论及其在GPS/INS组合定位定姿中的应用研究[D].青岛:山东科技大学,2008.

[75] 陈允芳,叶泽田,钟若飞.车载捷联惯导系统定位测姿算法研究[J].中国惯性技术学报,2007,15(1):24-27.

[76] 陈允芳,叶泽田.基于多传感器融合车载移动测图系统研究[J].测绘通报,2007(1):5-7.

[77] Rangle360 Ⅰ 用户手册.北京北科天绘科技有限公司,2008:8.

[78] Rangle360 Ⅱ 用户手册.北京北科天绘科技有限公司,2008:2.

[79] 阎吉祥.激光原理技术及应用[M].北京:北京理工大学出版社,2006.

[80] 安毓英,刘继芳,曹长庆.激光原理与技术 [M].北京:科学出版社,2010.

[81] LANGE R,SEITZ P,BIBER A,et al. Time-of-flight range imaging with a custom solid state image sensor[J].Proc.SPIE,1999:180-191.

[82] BLAIS F. Review of 20 Years of Range Sensor Development[J].Journal of Electronic Imaging,2004,13(1):231-240.

[83] GORDON S J,LICHTI D D. Terrestrial Laser Scanners with a Narrow Field of View[J]. The Effect on 3D Resection Solutions.Survey Review,2004,37(292): 448-469.

[84] 刘春,陈华云,吴杭彬.激光三维遥感的数据分析与特征提取[M].北京:科学出版社,2010.

[85] BOEHLER,HEINZ W,MARBS G A. The Potential of Non-contact Close Range Laser Scanners For Cultural Heritage Recording[J].International Archives of Photogrammetry Remote Sensing and Spatial Information Sciences,2002,34(5):430-436.

[86] 赵吉先,邹自力,藏德彦.电子测绘仪器原理与应用[M].北京:科学出版社,2008.

[87] TVI.XIIMUS 4K CL User Manual[M].Finland,2006.

[88] JAI.CV-L107CL Operation Manual[M].JAI PULNIX,Germany,2006.

[89] MARBS A. Experiences with Laser Scanning ati3mainz,CIPA,Heritage Documentation International Workshop on Scanning for Cultural Heritage Recording[J].Corfu,Greece,2002:110-114.

[90] AMIRI P J,GRUEN A. Integrated laser scanner and intensity image calibration and accuracy assessment[J].Proceedings of ISPRS WG III/3,III/4,V/3 Workshop "Laser scanning 2005",Enschede,the Netherlands,2005,36(3):12-14.

[91] 王留召,韩友美,钟若飞.360°激光扫描仪锥扫角标定[J].测绘通报,2010(9):5-8.

[92] 张处武,胡学同.精密相位激光测距仪的设计[J].激光杂志,1998,19(6):78-82.

[93] 陈敏.一种提高相位激光测距精确度的方法[J].现代电子技术,2005(16):55-57.

[94] 邓岩.提高激光测距精度的研究[D].长春:长春理工大学,2008.

[95] 岳建平,高永刚,谢波.无反射棱镜全站仪测距性能测试[J].测绘工程,2005,14(2):35-37.

[96] 范百兴,夏治国.全站仪无棱镜测距与精度分析[J].北京测绘,2004(1):28-30.

[97] 冯文灏.一种基于无反射镜测距仪的测量系统及其应用[J].测绘信息与工程,2001(1):

40-43.

[98] KERSTEN T,MECHELKE K,LINDSTAEDT M,et al. Geometric Accuracy Investigations of the Latest Terrestrial Laser Scanning Systems[J]. Proceedings of FIG Working Week, Stockholm,Sweden,2008(6):14-19.

[99] 张凯. 三维激光扫描数据的空间配准研究[D].南京:南京师范大学,2008.

[100] 施贵刚,程效军,官云兰,等. 地面三维激光扫描点云配准的最佳距离[J].江苏大学学报:自然科学版,2009,30(2):197-200.

[101] 陈家璧,彭润玲. 激光原理及应用[M].北京:电子工业出版社,2010.

[102] 赖旭东. 机载激光雷达基础原理与应用[M].北京:电子工业出版社,2010.

[103] 张勇,赵远,刘丽萍,等. 一种提高非扫描激光雷达距离分辨率的方法[J].光学学报,2009,29(5):1270-1273.

[104] 王春晖,成向阳,王骐,等. CO_2激光成像雷达距离分辨率测距精度的分析与实验研究[J].2003,32(10):1212-1215.

[105] 黄宗升,秦石乔,王省书,等. 光栅角编码器误差分析及用激光陀螺标校的研究[J].仪器仪表学报,2007,28(10):1866-1869.

[106] 韩友美,王留召,卢秀山. 360°激光扫描仪的测角误差检校研究[J].工程勘察,2011(2):59-63.

[107] 孙长库,叶声华. 激光测量技术[M].天津:天津大学出版社,2001.

[108] 黄震,刘彬. 并行计数法脉冲激光测距的研究[J].激光与红外,2006,36(6):431-432.

[109] PALOJORVI P,RUOTSALAINEN T,KOSTAMOVAARA J. A new approach to avoid walk error in pulsed laser range finding [J]. IEEE International Sympos. on Circu. and Systems Pro,1999:258-261.

[110] 霍玉晶,陈千颂,潘志龙. 脉冲激光雷达的时间间隔测量综述[J].激光与红外,2001,31(3):136-139.

[111] DONATI S. Electro-Optical Instrumentation Sensing and Measuring with Lasers[M]. Prentice Hall,2004.

[112] 蓝信钜. 激光技术[M].3 版.北京:科学出版社,2009.

[113] 左铁钏. 21 世纪的先进制造——激光技术与工程[M].北京:科学出版社,2007.

[114] 戴永江. 激光雷达技术:上册[M].北京:电子工业出版社,2010.

[115] 程英磊. 多源遥感图像融合方法研究[D].西安:西北工业大学,2006.

[116] 王智. 机载多传感器数据融合技术研究[D].南京:南京理工大学,2010.

[117] FORKUO E K,KING B. Automatic Fusion of Photogrammetric Imagery and Laser Scanner Point Clouds[J].Proc.ISPRS Annual Conf.,2004(35):921-926.

[118] 杨长强. 激光扫描仪检校及车载激光点云的分类与矢量化研究[D].青岛:山东科技大学,2010.

[119] SCHENK T,CSATHO B. Fusion of LiDAR data and aerial imagery for a more complete surface description [J].IAPSIS 2002,34(3):310-317.

[120] HABIB A,SCHENK T. New approach for matching surfaces from laser scanners and

optical sensors, International Archives of Photogrammetry and Remote Sensing[J].1999, 32(314):55-61.

[121] SCHEIBE K, SCHEELE M, KLETTE R. Data fusion and visualization of panoramic images and scans[J]. Proc. ISPRS Working Group V/1, Panoramic Photogrammetry Workshop, Dresden, 2004, 34(5):19-22.

[122] REULKE R, WEHR A. Fusion Of Digital Panoramic Camera Data With Laser Scanner Data [J].Modelling of panoramic camera data, 2003(1):252-258.

[123] SCHEIBE K, SCHEELE M, KLETTE R. Data Fusion And Visualization Of Panoramic Images And Laser Scans[C]. ISPRS Working Group V/1, Panoramic Photogrammtry Workshop, 2004.

[124] 李永泉,韩文泉,黄志洲. 数字城市三维建模方法比较分析[J].现代测绘,2010,33(2):33-35.

[125] 朱洪亮,万剑华,郭际明,等. 城市三维建模的数据获取[J].工程勘察,2002(3):43-46.

[126] 吴明先. 公路勘测设计技术应用现状与发展展望[J].公路,2002(8):11-15.

[127] 江恒彪. 云图工作站平台关键技术研究[D].北京:首都师范大学出版社,2010:65.

[128] 北京四维远见信息科技有限公司. DY-1 软件使用说明书[M].北京:首都师范大学出版社,2010.